FORSCHUNGSBERICHTE DES LANDES NORDRHEIN-WESTFALEN

Nr. 1832

Herausgegeben
im Auftrage des Ministerpräsidenten Heinz Kühn
von Staatssekretär Professor Dr. h. c. Dr. E. h. Leo Brandt

Prof. Dipl.-Ing. Wilhelm Sturtzel
Priv.-Doz. Dr.-Ing. Hermann Schmidt-Stiebitz

Versuchsanstalt für Binnenschiffbau e. V., Duisburg
Institut an der Rhein.-Westf. Techn. Hochschule Aachen

Untersuchung günstiger Längen-Breitenverhältnisse
für Flachwasserschiffe
im unterkritischen Fahrbereich

87. Mitteilung der VBD

Springer Fachmedien Wiesbaden GmbH

ISBN 978-3-663-06472-5   ISBN 978-3-663-07385-7 (eBook)
DOI 10.1007/978-3-663-07385-7
Verlags-Nr. 011832

© 1967 by Springer Fachmedien Wiesbaden
Ursprünglich erschienen bei Westdeutscher Verlag, Köln und Opladen 1967.

Inhalt

1. Einführung 7
2. Übersicht über die Versuche 8
3. Versuchsdurchführung 9
4. Ergebnisse 10
   4.1 Trennung der Formparameter 10
   4.2 Widerstandsanstieg 10
   4.3 Vergleich der vier Modellvarianten 11
   4.4 Vergleich mit Modellserienversuchen auf flachem Wasser .. 13
   4.5 Einflußgrenzen 14
5. Zusammenfassung 16
6. Literaturverzeichnis 17

Anhang 19

1. Einführung

Die Einengung des Fahrwassers auf den Binnenwasserstraßen der Tiefe und teilweise zusätzlich der Breite nach beeinflußt die Gestaltung der günstigsten Schiffsformen. Aus bisherigen Untersuchungen ist die Abhängigkeit des Schiffswiderstandes von dem Wasserhöhen-, dem Wasserquerschnitts- und dem Wasserhöhen-Schiffslängen-Verhältnis weitgehend bekannt [8]. Die Vielseitigkeit der technischen Entwicklung in Gestalt von Einzelschiffen und Schiffsverbänden wirft besonders wegen der verkehrsbedingten Querschnittsbegrenzung die Frage nach dem Einfluß des Längen-Breitenverhältnisses auf, die hier an vier Modellen mit Hilfe von Formvarianten mit $L/B = 8{,}35$ bis $7{,}05$ widerstandsmäßig untersucht wird.

2. Übersicht über die Versuche

Kanal	a) 9,8 m breiter Flachwassertank der VBD (stehendes Wasser) b) 3 m breiter Flachwassertank der VBD mit einbetoniertem Dortmund-Ems-Kanal-Profil 1:16 (stehendes Wasser)			
Modelle $\alpha = 16$	L/B	Abb.	mit ellipsoidförmigem Bug Länge 4062 mm	
M 444 M 391 M 422 M 446	8,35 7,96 7,38 7,05	1 2 3 4	Tiefgang mm 125 156	Verdrängung dm³ 202 263
			(weitere genaue Angaben siehe Datentabelle im Anhang!)	
Anhänge	Den jeweiligen Ruhewasserspiegel tangierender Bugwellendämpfer (wie in [4, 6])			
Turbulenz-erzeuger	1 mm ⌀ Perlonfaden Spt. 8 und 9			
Wasserhöhen	Modell mm		Natur m	

	a) 200
	       320
	       440
			3,2
			 5,12
			 7,04	

	b) 219 320		3,5 5,12	DEK-Profil
Wasserhöhen-verhältnis	siehe Tabelle			
Widerstands-fahrten	$v = 0,4$ m/s bis v_{max} mechanische Messung von Widerstand, Absenkung und Trimm			

3. Versuchsdurchführung

Als Grundform für die Modelle wurde die bisher günstigste mit Ellipsoidbug und Bugwellendämpfer [3-6] ausgewählt. Die Formveränderung der Modelle wurde auf der Basis gleicher Verdrängung, Länge und gleichen Tiefgangs vorgenommen. Es war bei ähnlicher Linienführung nicht zu vermeiden, daß mit wachsendem L/B-Verhältnis der Deplacements-Völligkeitsgrad anstieg und der Verdrängungsschwerpunkt aus der achteren Lage (Abb. 41) vorwanderte. Die Modelle M 391 und M 422 stammen von einer früheren Untersuchung [6] und waren vorhanden. Es mußte deswegen der vergleichsweise größere Kimmradius von M 422 in Kauf genommen werden. Der Bugwellendämpfer wurde entsprechend dem jeweiligen Tiefgang dem Wasserspiegel angepaßt. Sowohl im breiten wie im schmalen Tank wurde der Widerstand nach dem bekannten mechanischen Verfahren gemessen.

4. Ergebnisse

4.1 Trennung der Formparameter

Die Beschränkung auf vier Formvarianten, wobei eine Kopplung zwischen dem Völligkeitsgrad und dem Längen-Breiten-Verhältnis unvermeidlich ist, erscheint nicht so nachteilig, da einige bekannte Modellserienversuche auf tiefem und flachem Wasser [1, 2] helfen können, die Teileinflüsse zu eliminieren. Es ist außerdem bei der Drehkreisuntersuchung [7] auf Grund von Tiefwasserversuchen ein δ-Einfluß ermittelt worden (Abb. 29 unten), aus dem sich – setzt man bei der Einleitung zum Drehkreis aus der Geradeausfahrt Konstanz der Grenzschichtdicke und damit der Reynold-Zahl durch Gleichsetzung der von den Stromfäden benetzten Länge L bei Geradeausfahrt und der im Drehkreis $L' = B/\sin \alpha$ voraus – bestimmte Driftwinkel ergeben, für die sich eine bestimmte Zuordnung von L/B- und δ-Zahlen ableiten läßt. Dabei würde die hier verwendete Modellfamilie mit ihrer Kopplung zwischen beiden Werten gleichen Reibungswiderstand bis zu Driftwinkeln von 0 bis etwa 7,5° behalten. Die Abhängigkeitsfunktion beider Werte voneinander entspricht fast der aus den Tiefwasserversuchen errechneten (Abb. 29 unten). Für die auf flachem Wasser gemessenen Driftwinkel ergibt sich unter Annahme gleichbleibender Reynold-Zahlen zwischen Geradeaus- und Drehkreisfahrt eine Längen-Breiten-Verhältnis-Zuordnung zum Wasserhöhenverhältnis nach Abb. 29 oben. Die für diese Modelle hieraus ablesbaren Wasserhöhenverhältnisse $\dfrac{Hw}{Hw\text{-}Tg}$ von 3,2 bis 3,6 entsprechen sehr flachem Wasser. In Übereinstimmung damit ergab sich in [5] für Schuten aus der widerstandsgünstigen Annahme linearen Druckanstiegs unter Kiel ein mit flacher werdendem Wasser zunehmender Völligkeitsgrad (Abb. 30). Vergleicht man die δ-Werte der hier untersuchten Modelle mit dieser Darstellung, so würde ihr günstigster Anwendungsbereich bei Wasserhöhenverhältnissen zwischen 2 und 3,8 liegen, der dem oben genannten Wert von 3,2 bis 3,6 entspricht und die Wasserhöhenverhältnisse der vorliegenden Versuche einschließt.

4.2 Widerstandsanstieg

Die Widerstandskurven von Fahrten im breiten Tank (Abb. 13–20) steigen mit wachsender Geschwindigkeit für die größeren Wasserhöhen gleichmäßig an. Auf der 3,2 m (in Natur) entsprechenden Wasserhöhe ist zu Beginn des steilen Anstiegs ein leichter Buckel zu verzeichnen. Im schmalen Tank (Abb. 5–12), besonders auf der Wasserhöhe von 3,5 m (entsprechend Dortmund-Ems-Kanal-Profil), ist an dieser Stelle der Widerstandskurve ein mit zunehmendem L/B-Verhältnis der Modellvarianten stärker werdender Buckel zu verzeichnen. Es ist dabei zu Beginn der Flachwassererscheinungen (Abb. 25 und 26), die sich im steiler ansteigenden Widerstand bemerkbar machen, die größere Schiffsbreite bzw. die kleinere Völligkeit widerstandsgünstiger. Alle Modelle trimmen im ganzen Geschwindigkeitsbereich steuerlastig (Abb. 5–30 oben). Dieses Verhalten ist auf die Wirkung des Bugwellendämpfers zurückzuführen. Die von den Typschiffen her im Gegensatz dazu bekannte Kopflastigkeit ist eine Folge der hohen Bugwelle mit anschließendem einschneidenden Tal und ist schuld an dem höheren Widerstand und der sich daraus ergebenden Geschwindigkeitsbegrenzung dieser Schiffe.

4.3 Vergleich der vier Modellvarianten

Der Vergleich (Abb. 21–26) ist in allen Fällen auf das Modell M 391 als die in den äußeren Abmaßen dem Typschiff »Gustav Koenigs« ähnliche Ausgangsform bezogen. Im Trimmverhalten (Abb. 21 und 22) staffeln sich die Formvarianten im ganzen Geschwindigkeitsbereich in derselben Weise, d. h., je kleiner das Längen-Breiten-Verhältnis bzw. je kleiner der Deplacementsvölligkeitsgrad, um so steuerlastiger trimmen die Modelle. Aus Tiefwasserversuchen [2] bei $\mathfrak{F}_L = 0,5$ bis 0,8 (Tab. 1), bei denen zusätzlich je eine der beiden Formvarianten konstant gehalten worden ist, kann man folgern, daß sowohl das kleinere Längen-Breiten-Verhältnis als auch der kleinere Völligkeitsgrad unabhängig voneinander stärkere steuerlastige Vertrimmung bewirken.

Die Absenkungsänderung (Abb. 23 und 24) zeigt bei den vier Modellvarianten wechselnde Tendenz. Da bei den oben erwähnten Tiefwasserversuchen und Variation des Völligkeitsgrades mit konstant gehaltenem L/B-Verhältnis für das weniger völlige Schiff sich einheitlich größere Absenkung ergab (Tab. 1), während bei konstant gehaltener Völligkeit der Einfluß des L/B-Verhältnisses ebenfalls streute, läßt sich schließen, daß hierfür lediglich das L/B-Verhältnis maßgebend sein könnte. Man kann beim Vergleichen eine Trennlinie zwischen den Ergebnissen aus den Versuchen in den beiden Tanks ziehen. Bei seitlich nahezu unbeschränktem Wasser wird die Absenkung mit wachsendem L/B-Verhältnis größer, während im Kanalprofil die Absenkung des breiteren Schiffes (also L/B kleiner) größer wird (Tab. 1). Im Kanalprofil erzeugt das breitere Schiff eine größere Übergeschwindigkeit zwischen Schiff und Böschung, wodurch die größere Absenkung verständlich wird (Abb. 40). Bei seitlich weniger begrenztem Fahrwasser ist am breiteren Schiff (gleichbedeutend mit dem kürzeren Schiff bei konstanter Breite) der Abstand zwischen dem Bug- und dem Heckwellensystem kleiner als am schmaleren, wodurch ein wirksamerer Druckausgleich zwischen dem Überdruck am Bug und dem Unterdruck am Heck [5, 6] stattfindet und damit die nach unten gerichteten Sogkräfte abnehmen (Abb. 40). Der Einfluß der beiden möglichen Formvarianten hinsichtlich des Widerstandes kehrt sich auf tiefem Wasser bei unterkritischen Geschwindigkeiten gegenüber dem Verhalten hinsichtlich Absenkung um. Wachsendes L/B-Verhältnis bei konstant gehaltenem

Tab. 1

Tiefes Wasser nach [2]

	$\mathfrak{F}_L$	Tiefes Wasser			Flaches Wasser $\mathfrak{F}_h$ < 1 (nach [1]) und Frachtschiff				
						Keine Seitenbegrenzung		Kanal	
		konst. gehalten	kleiner werdend	Tendenz	$\mathfrak{F}_h$	kleiner werdend	Tendenz	kleiner werdend	Tendenz
Trimm	> 0,4	δ	L/B	stl.-ger	< 1	L/B	stl.-ger	L/B	stl.-ger
	> 0,4	L/B	δ	stl.-ger		δ	stl.-ger	δ	stl.-ger
	< 0,4	L/B	δ	kl.-ger					
Absenkung	≥ 0,4	δ	L/B	unterschiedlich	< 1	L/B	kleiner	L/B	größer
	≥ 0,4	L/B	δ	größer		δ	kleiner	δ	kleiner
Widerstand	≥ 0,4	δ	L/B	größer	unterhalb Grenzlinie			δ	größer
	> 0,4	L/B	δ	größer	oberhalb Grenzlinie (s. Abb. 39)				
	< 0,4	L/B	δ	kleiner				δ	größer

Völligkeitsgrad ergibt auf tiefem Wasser stets den kleineren Widerstand (Tab. 1), während bei konstant gehaltenem L/B-Verhältnis zunehmender Völligkeitsgrad unterhalb $\mathfrak{F}_L = 0,4$ größeren und oberhalb der Grenzgeschwindigkeit kleineren Widerstand liefert. Bei den hier untersuchten Wasserhöhen- und Wasserquerschnittsbeschränkungen liegt es nahe, in Parallele zu den Tiefwasserergebnissen für das unterschiedliche Widerstandsverhalten der Formvarianten auch nur den Völligkeitsgrad verantwortlich zu machen. Demnach würde auf seitlich unbegrenztem Fahrwasser im ganzen Geschwindigkeitsbereich und im Kanal bei kleineren Geschwindigkeiten die Zunahme des Völligkeitsgrades eine Widerstandszunahme bewirken, während oberhalb einer bestimmten Geschwindigkeitsgrenze umgekehrt eine Widerstandsabnahme zu verzeichnen wäre. Das heißt, es entsprechen Tiefwasserergebnisse unterhalb $\mathfrak{F}_L = 0,4$ denen auf flachem Wasser ohne Seitenbegrenzung oder bei Seitenbegrenzung nur bei kleineren Geschwindigkeiten. Das Überschreiten von $\mathfrak{F}_L = 0,4$ auf tiefem Wasser und der noch zu behandelnden Grenze bei Fahrt im Kanalquerschnitt bringt übereinstimmend Widerstandsgewinn für das völligere Schiff.

4.4 Vergleich mit Modellserienversuchen auf flachem Wasser

Die zum Vergleich herangezogenen Versuche sind mit Binnen-Fahrgastschiff-Modellen in praktisch seitlich unbegrenztem Fahrwasser [1] durchgeführt worden. Dank ihres Spiegelhecks konnten sie den kritischen Geschwindigkeitsbereich durchfahren. Man kann bei einem Wasserhöhenverhältnis von $\frac{Hw}{Hw-Tg} = 1,1$ bis 1,3 bemerken (Tab. 2), daß sowohl die Maximalwerte von Trimm und Absenkung auf eine Verbreiterung des Schiffes (d. h. L/B abnehmend) in gleicher Weise ansprechen wie auf eine Zunahme des Völligkeitsgrades, wenn jeweils der andere Wert konstant gehalten wurde (siehe auch [8]). Dagegen kehrt sich die Tendenz von Wasserhöhenverhältnissen $\frac{Hw}{Hw-Tg} \sim 1,5$ und darüber (also zu flacherem Wasser hin) um. Hier verhält sich abnehmende Breite wie zunehmender Völligkeitsgrad. Das Wasserhöhenverhältnis gibt in erster Näherung auch die Größenordnung der Unterkielübergeschwindigkeit wieder. Aus der Hydraulik ist bekannt, daß bei dem Verhältnis von Energie- zu Wasserhöhe von 1,5 das Minimum der Energie und der Übergang zwischen den beiden Strömungsarten »Schießen« und »Strömen« liegt. Der Maximalwiderstand bei $\mathfrak{F}_h \sim 1$ fällt mit flacher werdendem Wasser (Abb. 31) und mit zunehmendem Völligkeitsgrad δ bei konst. Längen-Breiten-Verhältnis (Abb. 32) und steigt mit steigendem L/B-Verhältnis (Abb. 32) bei konst. δ in einer konkav gekrümmten Kurve an. Zusätzlich zu den Darstellungen in [8] ist hier (Abb. 33) das Verhalten der maximalen Austauchung bei verschiedenen Wasserhöhenverhältnissen wiedergegeben worden, das die bisherigen Feststellungen bestätigt. Dagegen ist der Widerstandsanstieg der hier untersuchten Frachtschiffmodelle in dem Geschwindigkeitsbereich bei $\mathfrak{F}_h \sim 0,6$ und entsprechendem Wasserhöhenverhältnis fast linear (Abb. 34).

Tab. 2   Flaches Wasser, Fahrgastschiffe $\mathfrak{F}_h \geqq 1$ (nach [1])

	$\dfrac{Hw}{Hw\text{-}Tg}$	außer $\dfrac{Hw}{Hw\text{-}Tg}$ konst. gehalten:	kleiner werdend	Tendenz
max. Trimm	1,1 ./. 1,3	δ	L/B	weniger stl.
		L/B	δ	stl.-ger
max. Absenkung	1,1 ./. 1,3	δ	L/B	kleiner
		L/B	δ	größer
max. Austauchung	1,1 ./. 1,3	δ	L/B	größer
		L/B	δ	kleiner
max. Widerstand	1,1 ./. 1,8	δ	L/B	kleiner
		L/B	δ	größer

Nur auf sehr flachem Wasser (Wasserhöhenverhältnis $\dfrac{Hw}{Hw\text{-}Tg} = 4,5$) bringt die kleinere Schiffsbreite einen Widerstandsabfall. Bei der Fahrt im seitlich beschränktem Fahrwasser (Abb. 35) werden nur kleinere Froudesche Tiefenzahlen erreicht ($\mathfrak{F}_h \sim 0,35$). Hier nimmt mit zunehmender Schiffslänge auch der Widerstand zu. Für seitlich unbegrenztes Wasser und sonst ähnliche Verhältnisse scheint sich vergleichsweise ein Widerstandsminimum für ein Längen-Breiten-Verhältnis von $L/B = 7,5$ zu ergeben.
Der Abfall des Maximalwiderstandes der Fahrgastschiffmodelle über steigendem Völligkeitsgrad ist, soweit es sich in dem untersuchten Bereich verfolgen läßt, etwa hyperbolisch (Abb. 31).

4.5 Einflußgrenzen

Insgesamt sieht das Spiel der δ- und L/B-Einflüsse in Abhängigkeit vom Wasserhöhenverhältnis $\dfrac{Hw}{Hw\text{-}Tg}$ recht komplex aus. Es ist zweckmäßig, sich an Hand der Abb. 36 für Rechteckquerschnitte von Kanal und Hauptspant den Zusammenhang zwischen Wasserhöhen- und Wasserquerschnittsverhältnis $\dfrac{F_K}{F_K\text{-}F_\otimes}$ zu vergegenwärtigen, wobei dieser Parameter abweichend von dem üblichen Ausdruck $\dfrac{F_K}{F_\otimes}$ in Anlehnung an den hier gewählten Parameter für das Wasserhöhenverhältnis $\frac{Hw}{Hw-Tg}$ gewählt wurde. Der Vorteil dieser Parameterwahl liegt in der damit gleichzeitig gegebenen näherungsweisen Bestimmung der »Übergeschwindigkeit«. Die Ergebnisse der Abb. 27 und 28, statt wie dort auf das Wasserhöhenverhältnis auf Abb. 37 auf das Wasserquerschnittsverhältnis bezogen, zeigen ein Abnehmen der bei gleichbleibendem Widerstand $W = 4$ t erreichbaren Geschwindigkeiten mit enger werdendem Querschnitt. Der Abfall ist aber bei den sehr weiten Rechteckquerschnitten (großer Kanal) stärker als bei dem engen Trapezquerschnitt des schmalen Kanals. Durch 90°-Schwenkung der Werte läßt sich gleichzeitig ein geringfügiger Geschwindigkeitsabfall mit zunehmendem Längen-Breiten-Verhältnis ablesen. Die Geschwindigkeiten bei gleichbleibender Absenkung von 20 cm (Natur) (Abb. 38) verhalten sich ähnlich wie auf Abb. 37 für W = konst. mit der Abweichung bzw. Tendenzumkehr im engsten Kanalquerschnitt. Hier wird die Geschwindigkeit des breiteren Schiffes kleiner. Über dem Wasserhöhenverhältnis (Abb. 39 oben) läßt sich aber doch auf Grund der vorliegenden Versuche eine in $\mathfrak{F}_h$ ausgedrückte Geschwindigkeitsgrenze sowohl für seitlich beschränktes als auch eine für seitlich unbeschränktes Fahrwasser angeben, bei der sich die Einflußtendenzen von Völligkeitsgrad und Längen-Breiten-Verhältnis auf den Widerstand und natürlich auch auf Absenkung und Trimm umkehren. Die Grenze für Kanalquerschnitte deckt sich bei Wasserhöhenverhältnissen $\frac{Hw}{Hw-Tg}$ von 1,2 bis 1,4 etwa mit der Linie $\frac{\Delta p}{q} = 0{,}2$, die den Druckunterschied zwischen Bugstau und Heckunterdruck in [8] angibt. Entsprechend den vorliegenden Verhältnissen ergibt sich für die Kanalfahrt über dem Wasserquerschnittsverhältnis (Abb. 39 unten) als Grenze ein etwas breiteres Übergangsgebiet.

Die Geschwindigkeitsgrenze für Umkehr der δ- bzw. L/B-Einflüsse auf seitlich unbegrenztem Fahrwasser liegt, in $\mathfrak{F}_h$ ausgedrückt, naturgemäß höher (Abb. 39 oben) als für Kanalfahrt. Sie deckt sich weitgehend mit der Geschwindigkeit, bei der die größte Absenkung auftritt.

5. Zusammenfassung

Die Versuchsergebnisse lassen eine Abhängigkeit des Schiffswiderstandes und seiner Begleiterscheinungen sowohl von dem Längen-Breiten-Verhältnis als auch von dem Völligkeitsgrad erkennen, die sich an einer mit dem Wasserhöhenverhältnis veränderlichen Geschwindigkeitsgrenze (Abb. 39) umkehrt. Diese Grenze hat bei Kanalfahrt die niedrigsten Werte und verschiebt sich bei Wegfall seitlicher Fahrwasserbeschränkungen zu der Geschwindigkeit, bei der die größte Absenkung auftritt. Die günstigste Gestaltung künftiger Schiffe darauf abzustimmen, erscheint kaum empfehlenswert, wenn sie in verschiedenen Gewässern fahren sollen. Bei Schiffen mit Einsatz in ganz bestimmten Fahrwassern wäre eine solche Formabstimmung jedoch durchaus denkbar. Es empfiehlt sich dafür allerdings eine Ergänzung der Versuche mit Ausweitung auf eine sehr viel größere Zahl von Modellvarianten einschließlich extremer Verhältnisse.

Für tatkräftige Mithilfe bei Versuchsplanung und -durchführung wie auch bei der Auswertung dankt der Verfasser Dipl.-Ing. DIETER SPRUTH.

Priv.-Doz. Dr.-Ing. H. SCHMIDT-STIEBITZ

6. Literaturverzeichnis

[1] HELM, K., Optimale Formverhältnisse für schnelle Fahrgastschiffe auf Binnengewässern. Schiff und Hafen, H. 9/1961.

[2] KRACHT, A., W. GRAFF und G. WEINBLUM, Some Extensions of D. W. Taylor's Standard Series. Transactions of SNAME 1964, Vol. 72, S. 374.

Der Verfasser in:

[3] Untersuchung von Mitteln zur Dämpfung der Bugwelle an Flachwasserschiffen. FB 895/1960, im gleichen Verlag erschienen.

[4] Systematische Erfassung von örtlich am Schiff anzubringenden Stau- bzw. Unterdruck erzeugenden Elementen zwecks Verringerung der Wellenhöhe und damit des Wellenwiderstandes. Schiff und Hafen, H. 9/1960.

[5] Dämpfung der Heckwelle bei Flachwasserfahrt. Schiff und Hafen, H. 3/1965.

[6] Untersuchung der Ellipsoidformen zwecks Widerstandsverminderung von Flachwasserschiffen. FB 1590/1966, im gleichen Verlag erschienen.

[7] Ein experimenteller Beitrag zu Drehkreismanövern von Schiffen auf flachem und tiefem Wasser. Schiff und Hafen, H. 11 und 12/1963 und H. 1/1964.

[8] Die Abhängigkeit des Schiffswiderstandes von flachwasserbedingten Umströmungs- und Wasserspiegelveränderungen. Schiff und Hafen, H. 6/1966.

Anhang

1. Tabellen

Froudesche Tiefenzahl $\mathfrak{F}_h$

					DEK-Profil
$v_{km/h}$	Modell m/s	Natur $Hw = 3,2$ m Modell $Hw = 200$ mm	Natur $Hw = 5,12$ m Modell $Hw = 320$ mm	Natur $Hw = 7,04$ m Modell $Hw = 440$ mm	Natur $Hw = 3,5$ m Modell $Hw = 219$ mm
6	0,416	0,297	0,235	0,2	0,283
8	0,555	0,3965	0,314	0,267	0,378
10	0,695	0,496	0,392	0,335	0,475
12	0,835	0,595	0,471	0,402	0,57
14	0,97	0,693	0,547	0,467	0,66
16	1,11	0,792	0,627	0,535	0,756
18	1,25	0,892	0,705	0,6	0,852

Modelldaten $L = 4062{,}5$ mm, $\alpha = 16$

Modell	B mm	L/B —	T_g mm	δ	v dm³	$\otimes$ m²	Ω m²	Lage des Verdrängungsschwerpunktes hinter $\otimes$ bez. auf L
M 444	486	8,35	125	0,82	202,5	0,0605	2,57	0,019
M 391	510	7,96	125	0,782	202,4	0,0637	2,58	0,027
M 422	550	7,38	125	0,725	202	0,0615	2,53	0,040
M 446	576	7,05	125	0,69	202,5	0,0719	2,58	0,047
M 444	486	8,35	157	0,852	262,5	0,0761	2,83	0,018
M 391	510	7,96	156,3	0,815	262,5	0,0795	2,84	0,026
M 422	550	7,38	156,3	0,758	264,8	0,0837	2,79	0,039
M 446	576	7,05	155,3	0,722	262,5	0,0893	2,83	0,046

Wasserhöhenverhältnis $\frac{Hw}{Hw\text{-}Tg}$

L/B	Modell	Tg mm	Natur $Hw = 3,2$ m Modell $Hw = 200$ mm	Natur 5,12 m Modell 320 mm	Natur 7,04 m Modell 440 mm	Natur $Hw = 3,5$ m Modell $Hw = 219$ mm	Natur $Hw = 5,12$ m Modell $Hw = 320$ mm	L/Tg
8,35	M 444	125	2,666	1,64	1,395	2,33	1,64	32,4
7,96	M 391	125	2,666	1,64	1,395	2,33	1,64	32,4
7,38	M 422	125	2,666	1,64	1,395	2,33	1,64	32,4
7,05	M 446	125	2,666	1,64	1,395	2,33	1,64	32,4
8,35	M 444	157	4,65	1,96	1,56	3,54	1,96	25,7
7,96	M 391	156,3	4,57	1,955	1,553	3,5	1,955	25,9
7,38	M 422	156,3	4,57	1,955	1,553	3,5	1,955	25,9
7,05	M 446	155,3	4,48	1,945	1,544	3,44	1,945	26

Wasserquerschnittsverhältnis $\dfrac{F_K}{F_K - F_\otimes}$

L/B	Modell	$\otimes$ m²	gr. Tank			DEK-Profil	Trapez-Profil
			$H_w = 3,2$ m $H_w = 200$ mm $F_K = 1,96$ m²	$H_w = 5,12$ m $H_w = 320$ mm $F_K = 3,14$ m²	$H_w = 7,04$ m $H_w = 440$ mm $F_K = 4,32$ m²	$H_w = 3,5$ m $F_K = 0,417$ m²	$H_w = 5,12$ m $F_K = 0,71$ m²
Tg kl.							
8,35	M 444	0,0605	1,03	1,02	1,015	1,17	1,091
7,96	M 391	0,0637	1,032	1,0205	1,0155	1,18	1,098
7,38	M 422	0,0664	1,033	1,021	1,016	1,19	1,102
7,05	M 446	0,0719	1,037	1,022	1,017	1,21	1,113
Tg gr.							
8,35	M 444	0,0761	1,04	1,023	1,018	1,223	1,119
7,96	M 391	0,0795	1,041	1,025	1,019	1,237	1,128
7,38	M 422	0,0837	1,043	1,026	0,021	1,252	1,134
7,05	M 446	0,0893	1,047	1,029	1,022	1,27	1,144

2. Abbildungen

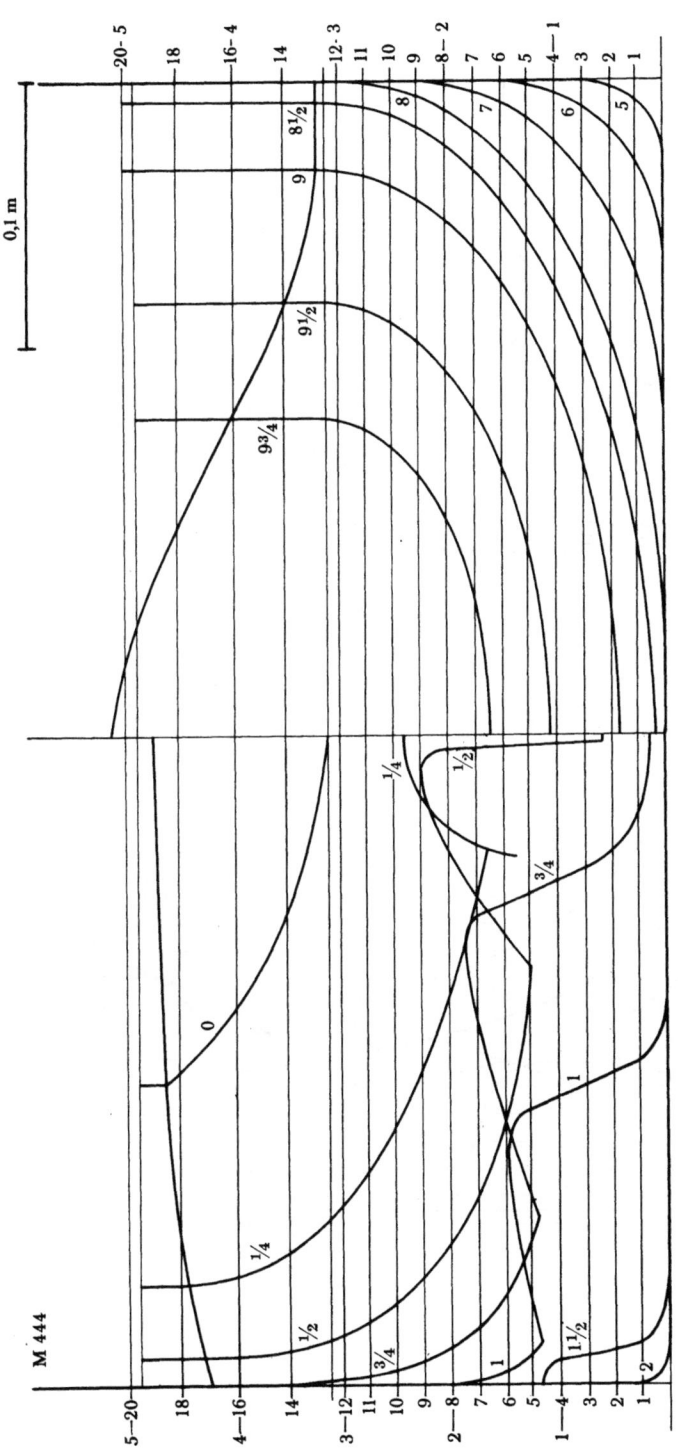

Abb. 1 $L/B = 8{,}35$

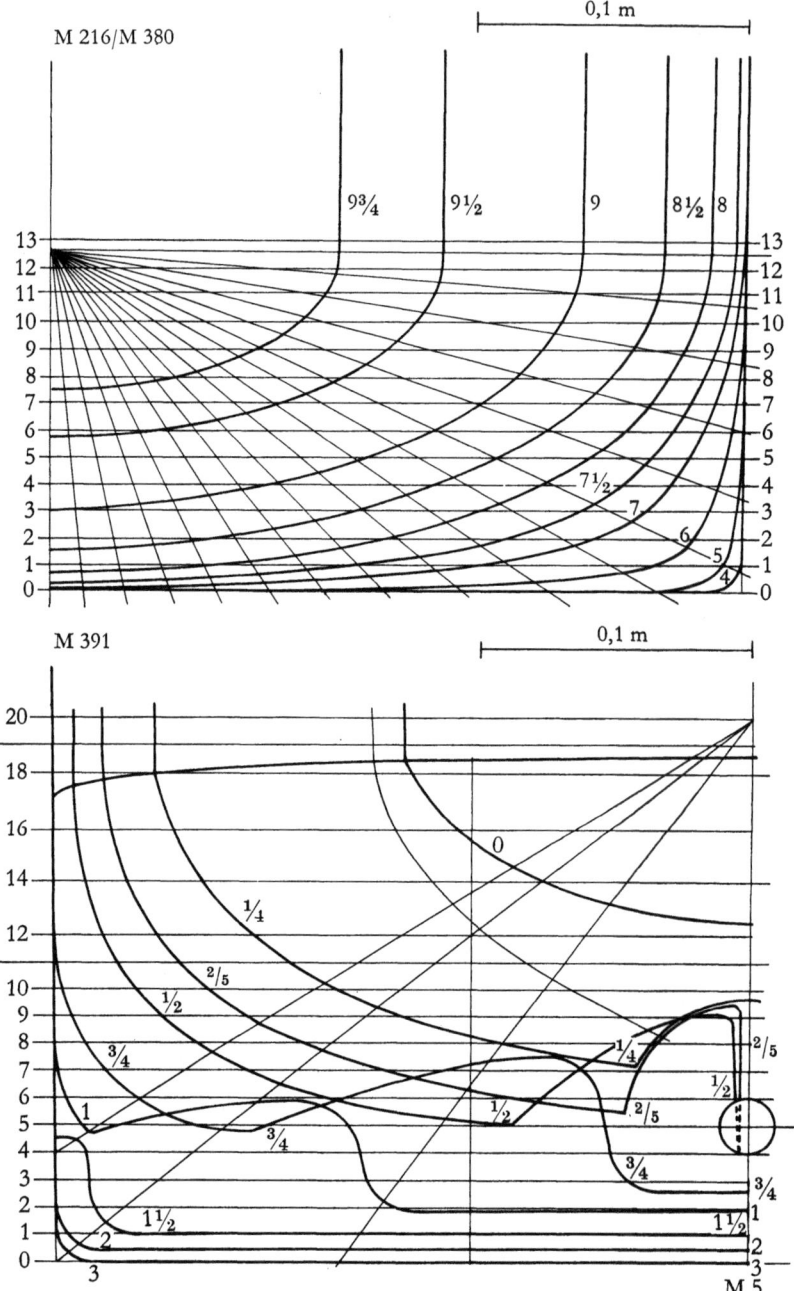

Abb. 2 $L/B = 7{,}96$

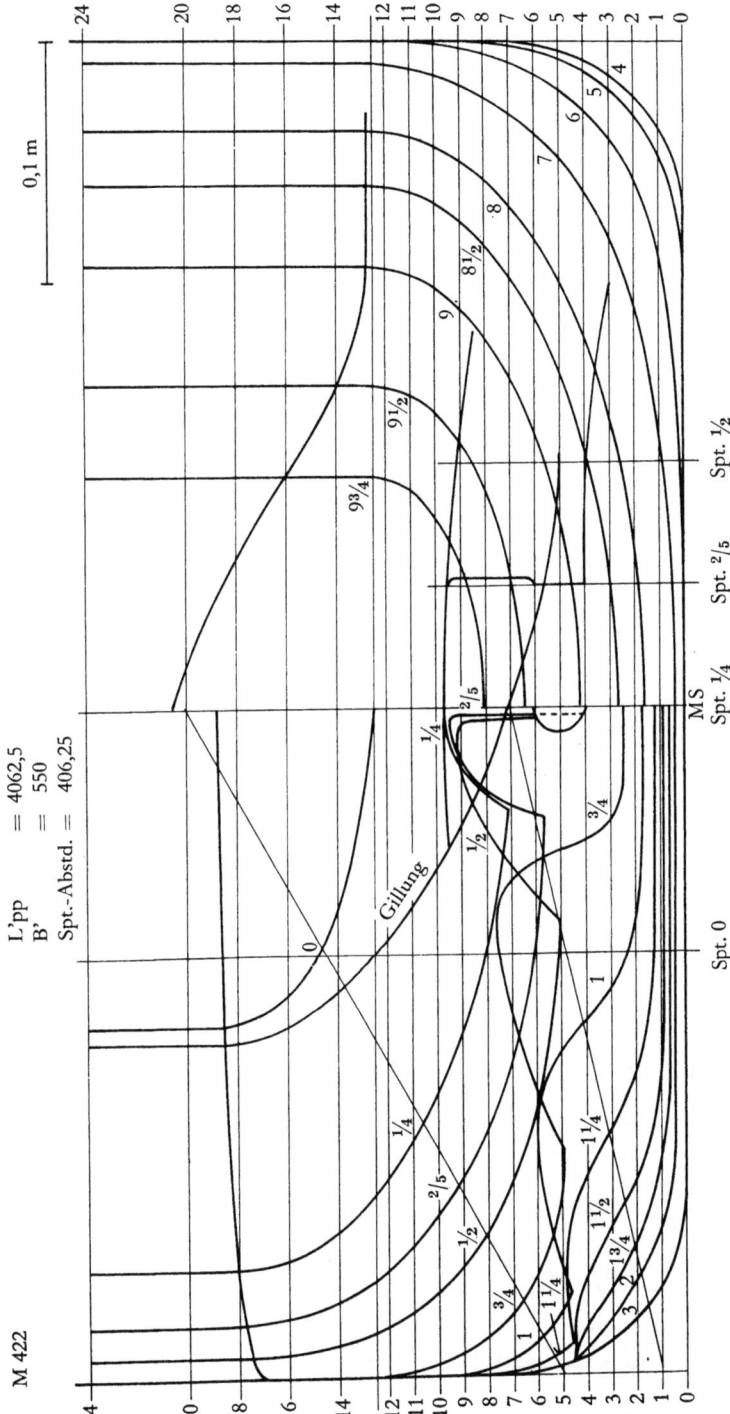

Abb. 3 $L/B = 7{,}38$

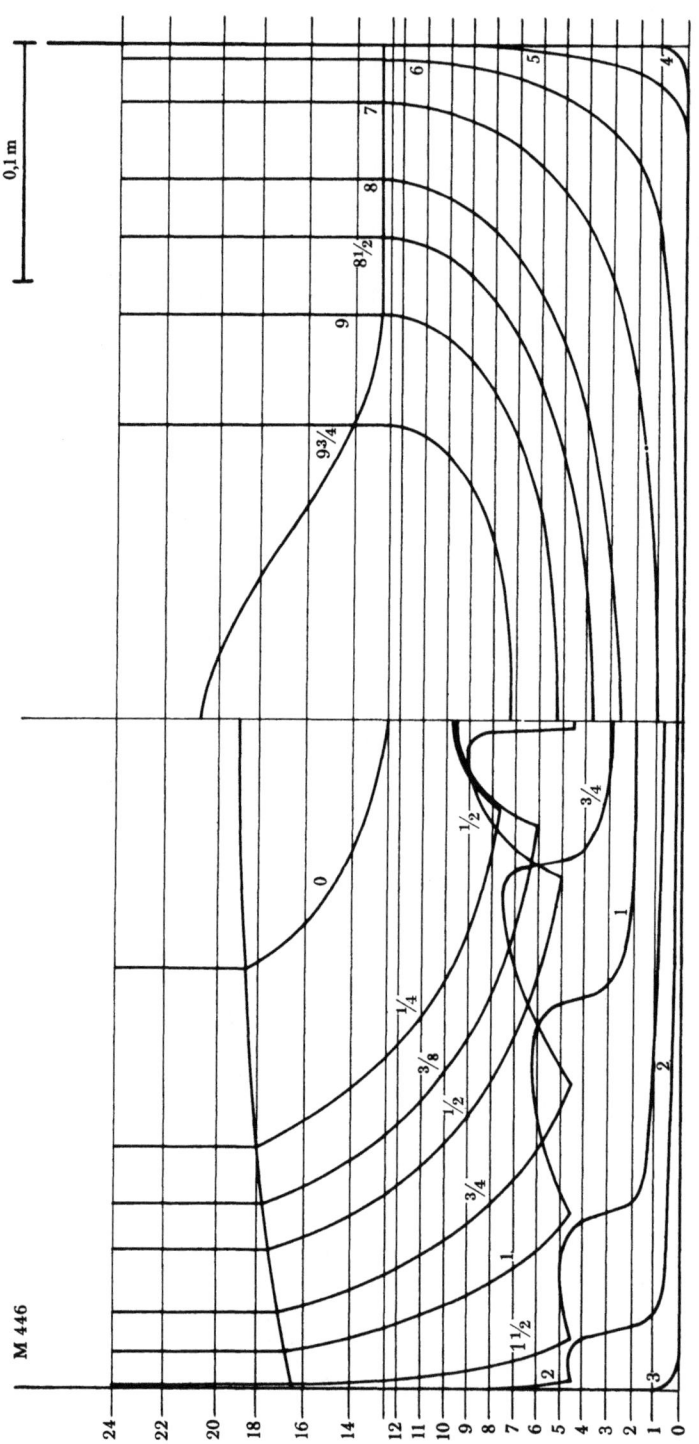

Abb. 4 $L/B = 7{,}05$

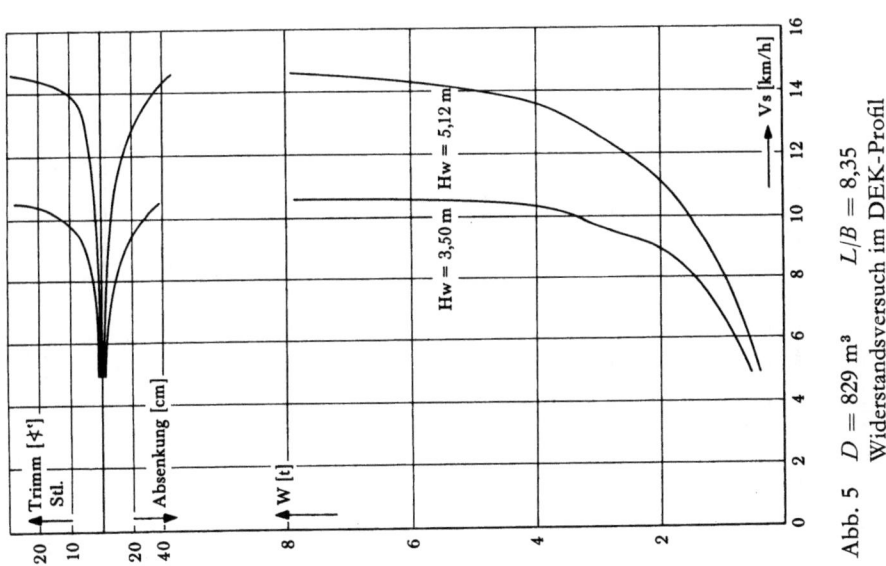

Abb. 5 $D = 829 \text{ m}^3$ $L/B = 8{,}35$
Widerstandsversuch im DEK-Profil

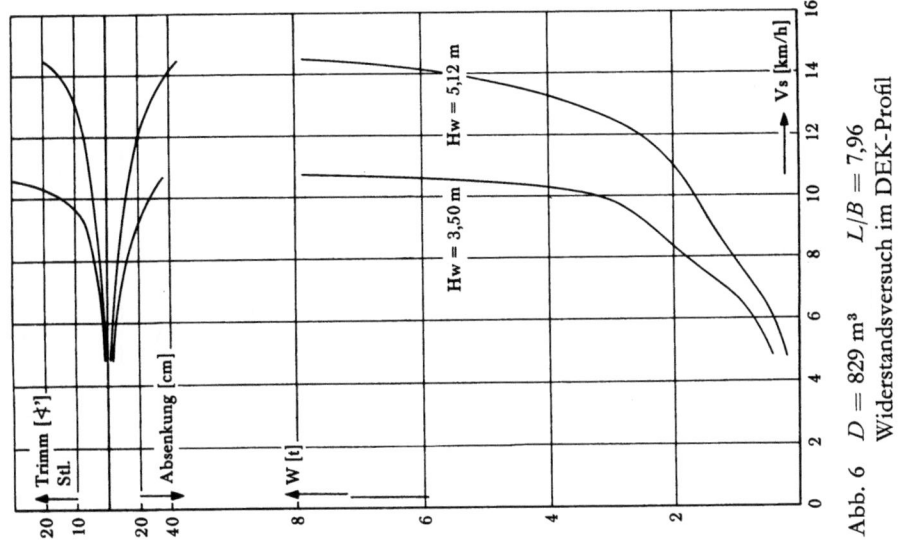

Abb. 6 $D = 829 \text{ m}^3$ $L/B = 7{,}96$
Widerstandsversuch im DEK-Profil

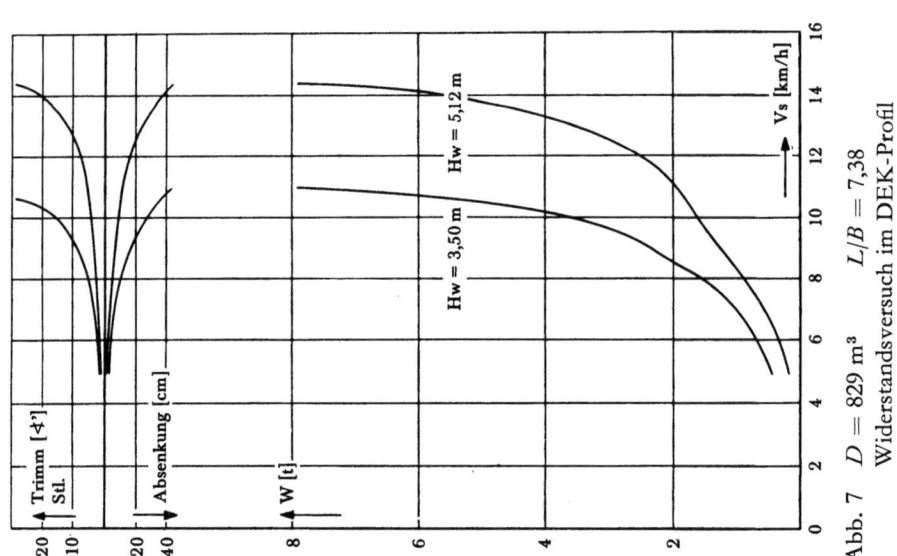

Abb. 7 $D = 829$ m³ $L/B = 7,38$
Widerstandsversuch im DEK-Profil

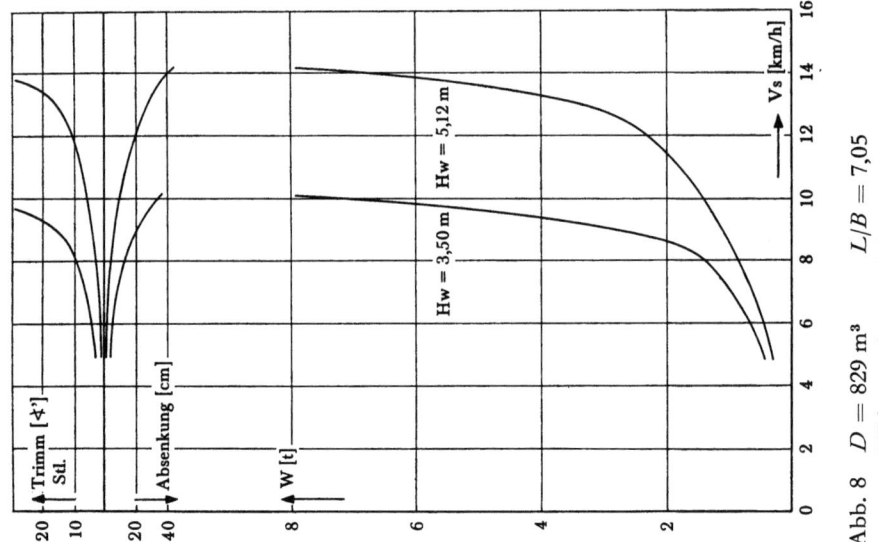

Abb. 8 $D = 829$ m³ $L/B = 7,05$
Widerstandsversuch im DEK-Profil

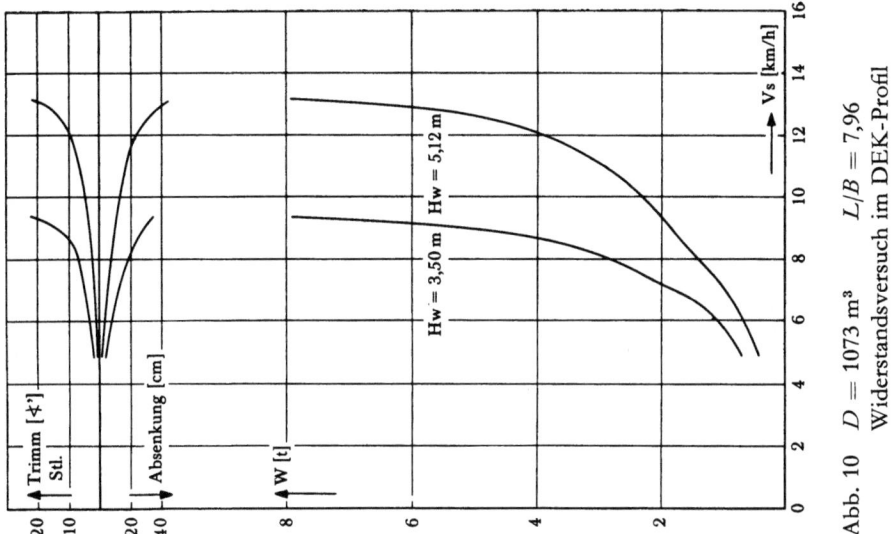

Abb. 10 $D = 1073 \text{ m}^3$ $L/B = 7{,}96$
Widerstandsversuch im DEK-Profil

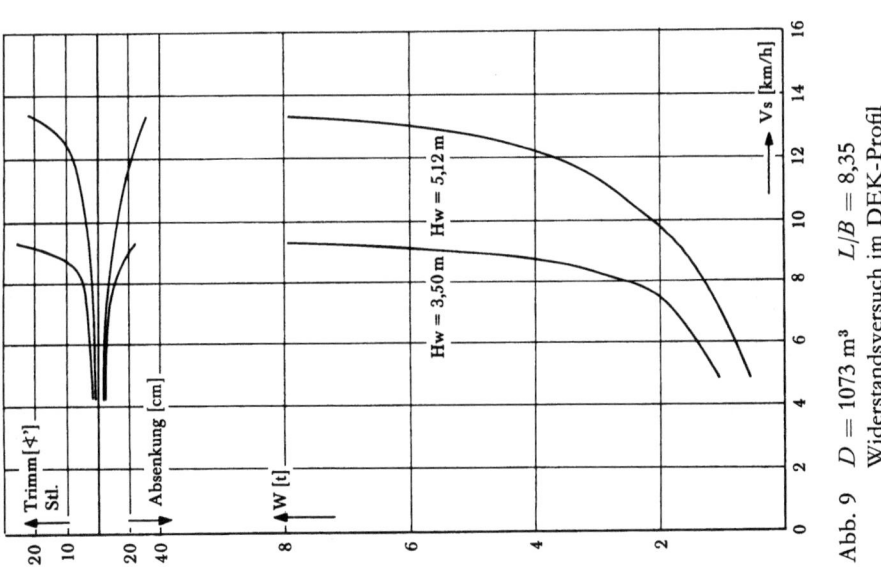

Abb. 9 $D = 1073 \text{ m}^3$ $L/B = 8{,}35$
Widerstandsversuch im DEK-Profil

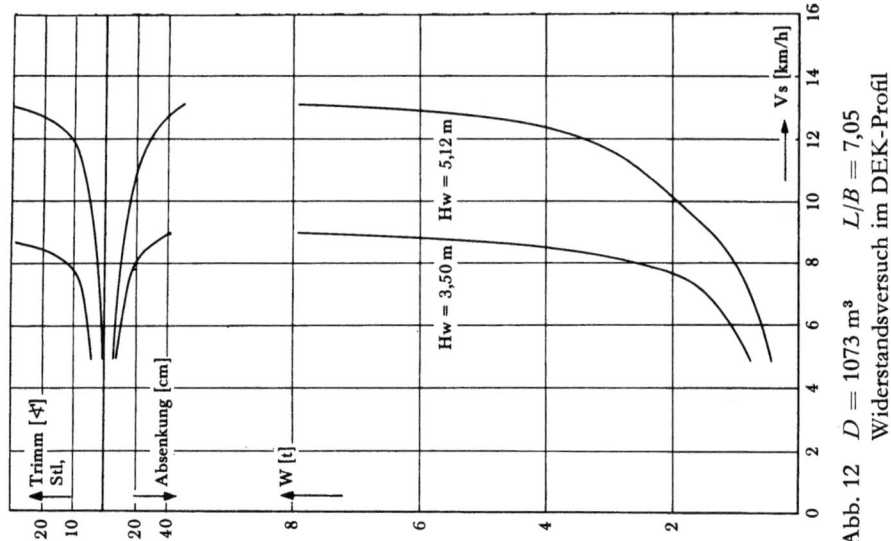

Abb. 12 $D = 1073$ m³ $L/B = 7,05$
Widerstandsversuch im DEK-Profil

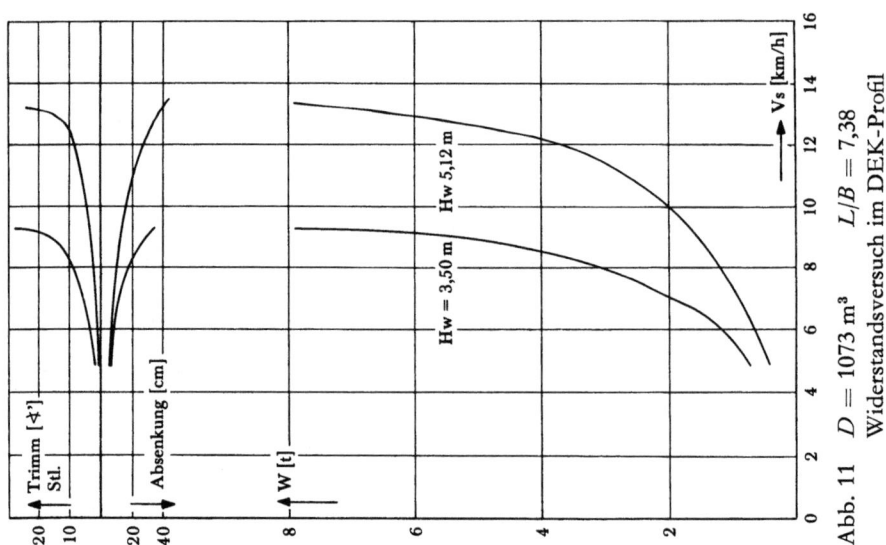

Abb. 11 $D = 1073$ m³ $L/B = 7,38$
Widerstandsversuch im DEK-Profil

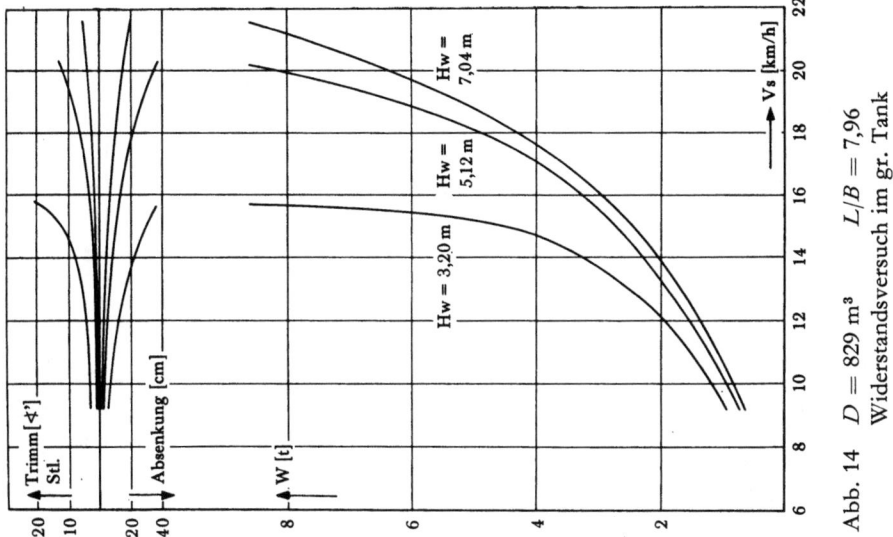

Abb. 14 $D = 829\ m^3$ $L/B = 7{,}96$
Widerstandsversuch im gr. Tank

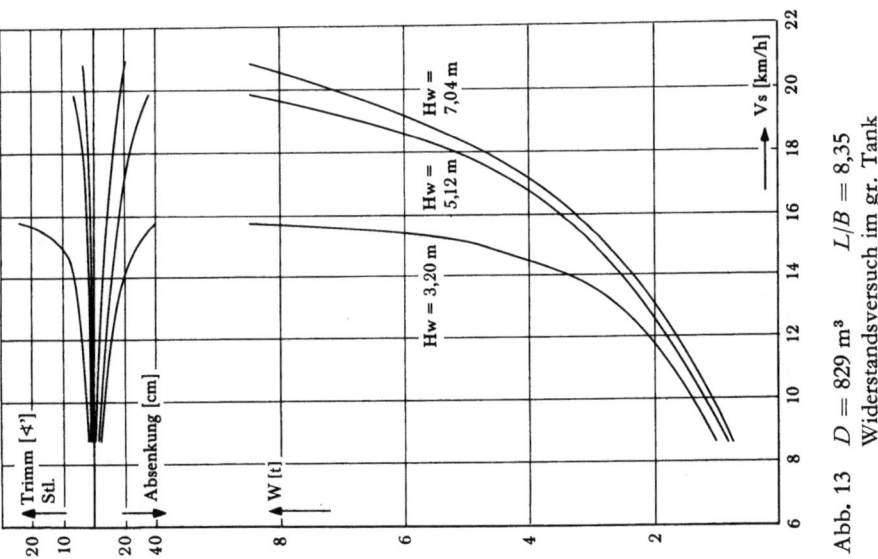

Abb. 13 $D = 829\ m^3$ $L/B = 8{,}35$
Widerstandsversuch im gr. Tank

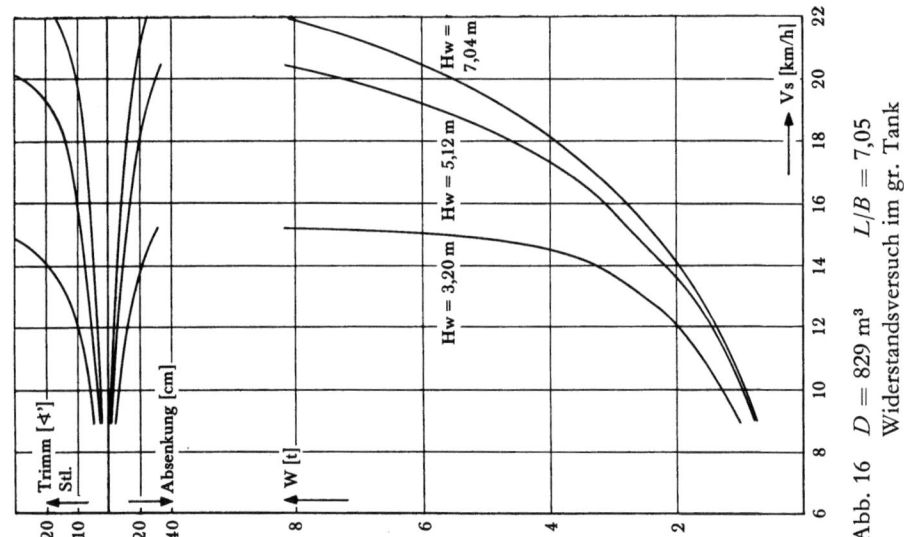

Abb. 16 $D = 829$ m³ $L/B = 7{,}05$
Widerstandsversuch im gr. Tank

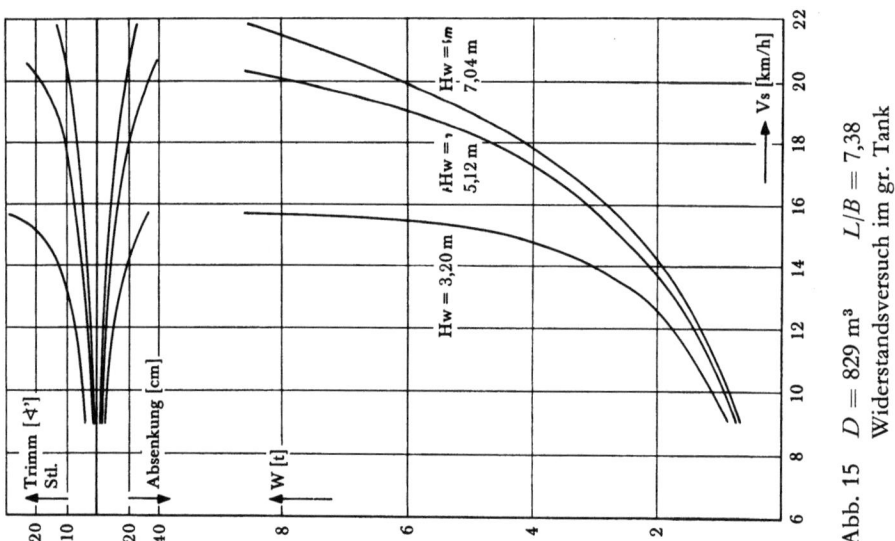

Abb. 15 $D = 829$ m³ $L/B = 7{,}38$
Widerstandsversuch im gr. Tank

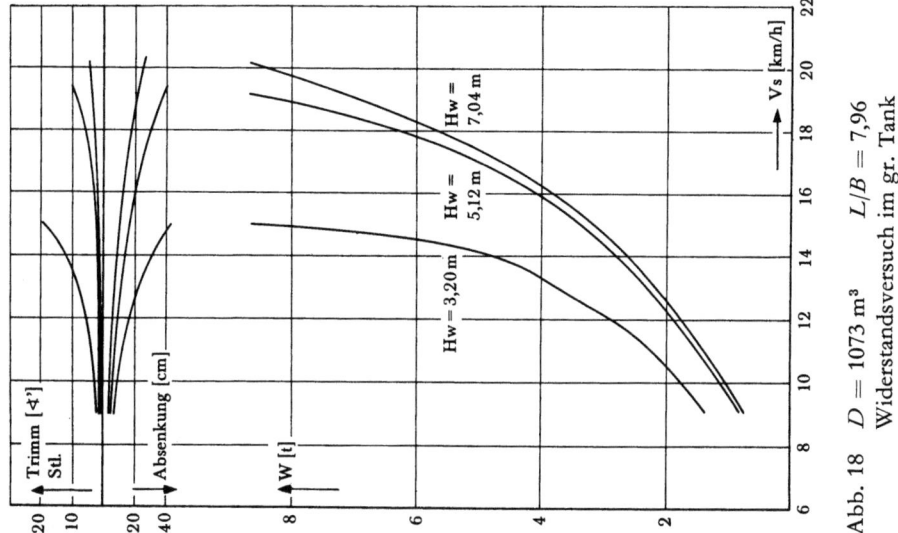

Abb. 18 $D = 1073\ m^3$ $L/B = 7{,}96$
Widerstandsversuch im gr. Tank

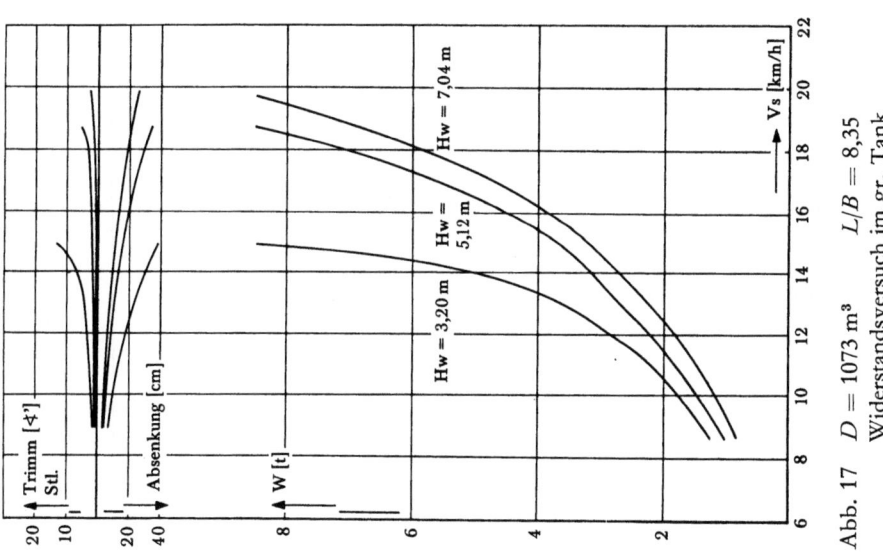

Abb. 17 $D = 1073\ m^3$ $L/B = 8{,}35$
Widerstandsversuch im gr. Tank

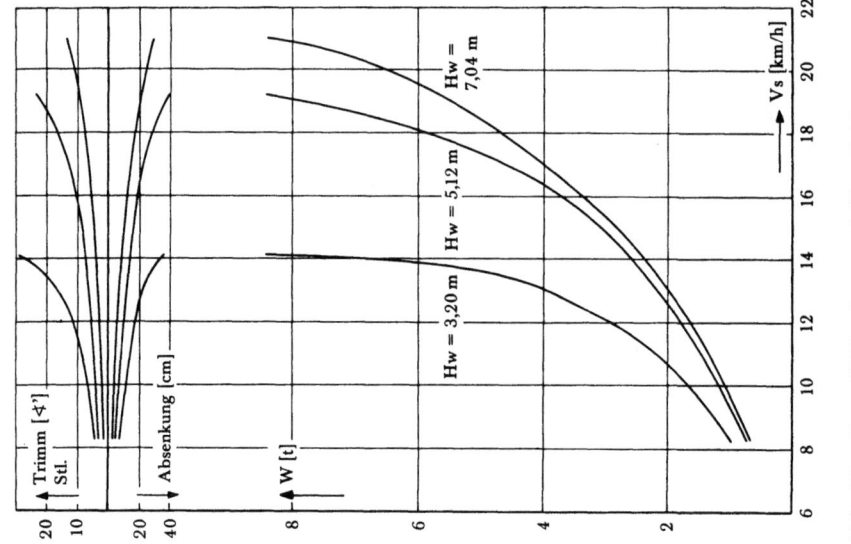

Abb. 20 $D = 1073 \text{ m}^3$ $L/B = 7,05$
Widerstandsversuch im gr. Tank

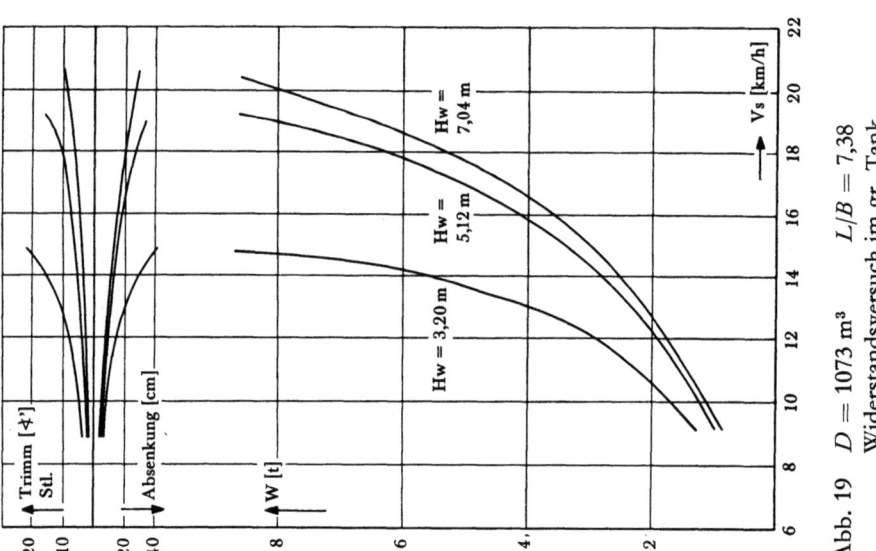

Abb. 19 $D = 1073 \text{ m}^3$ $L/B = 7,38$
Widerstandsversuch im gr. Tank

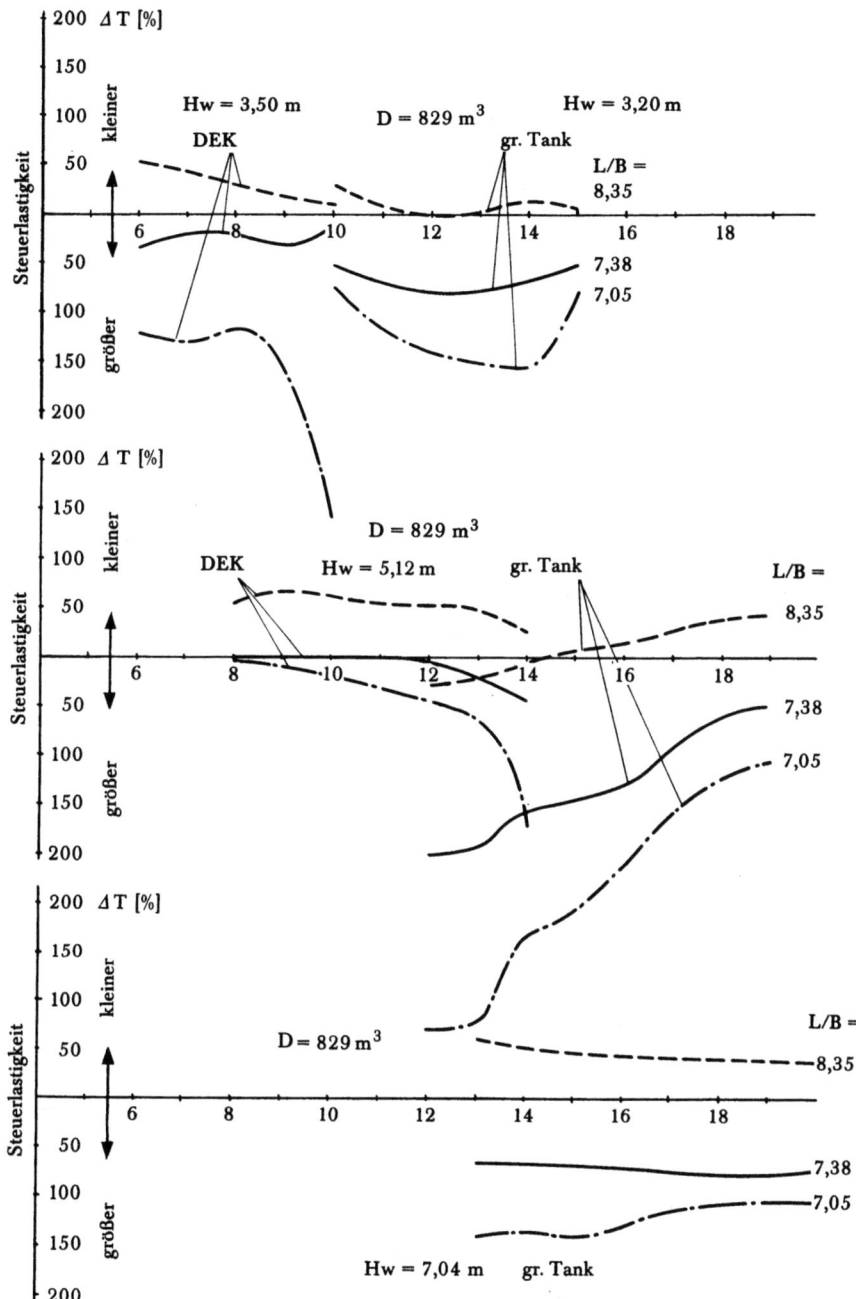

Abb. 21 Trimmänderung bezogen auf M 391 mit $L/B = 7,96$

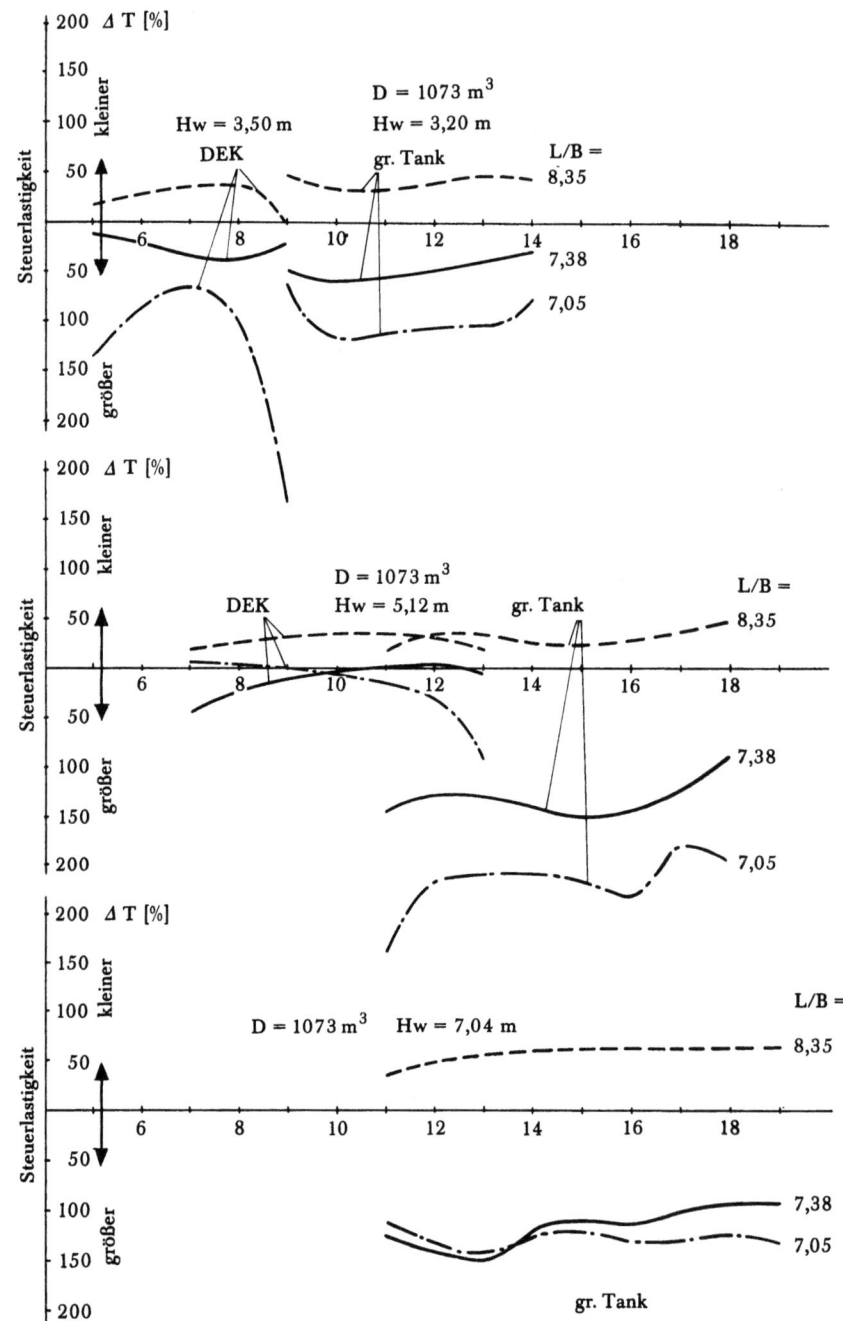

Abb. 22   Trimmänderung bezogen auf M 391 mit $L/B = 7,96$

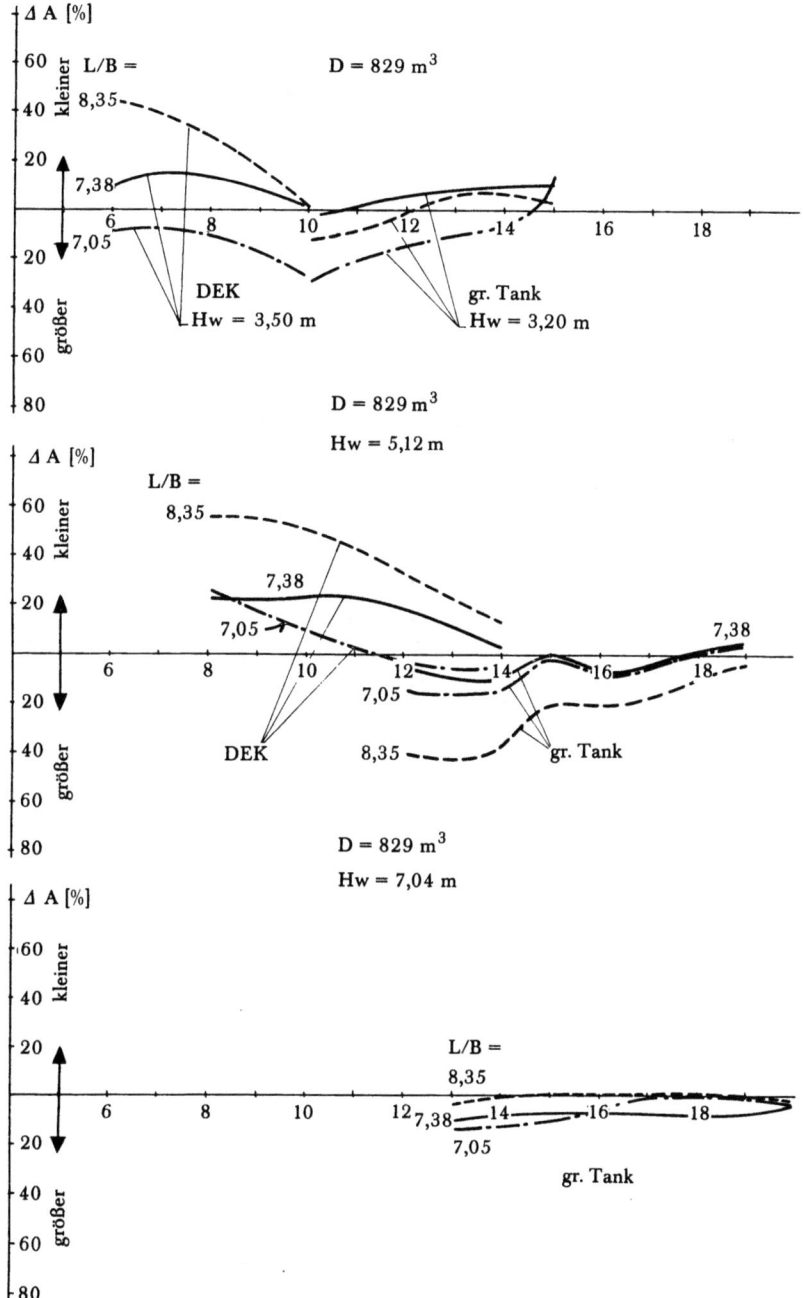

Abb. 23   Absenkungsänderung bezogen auf M 391 mit $L/B = 7{,}96$

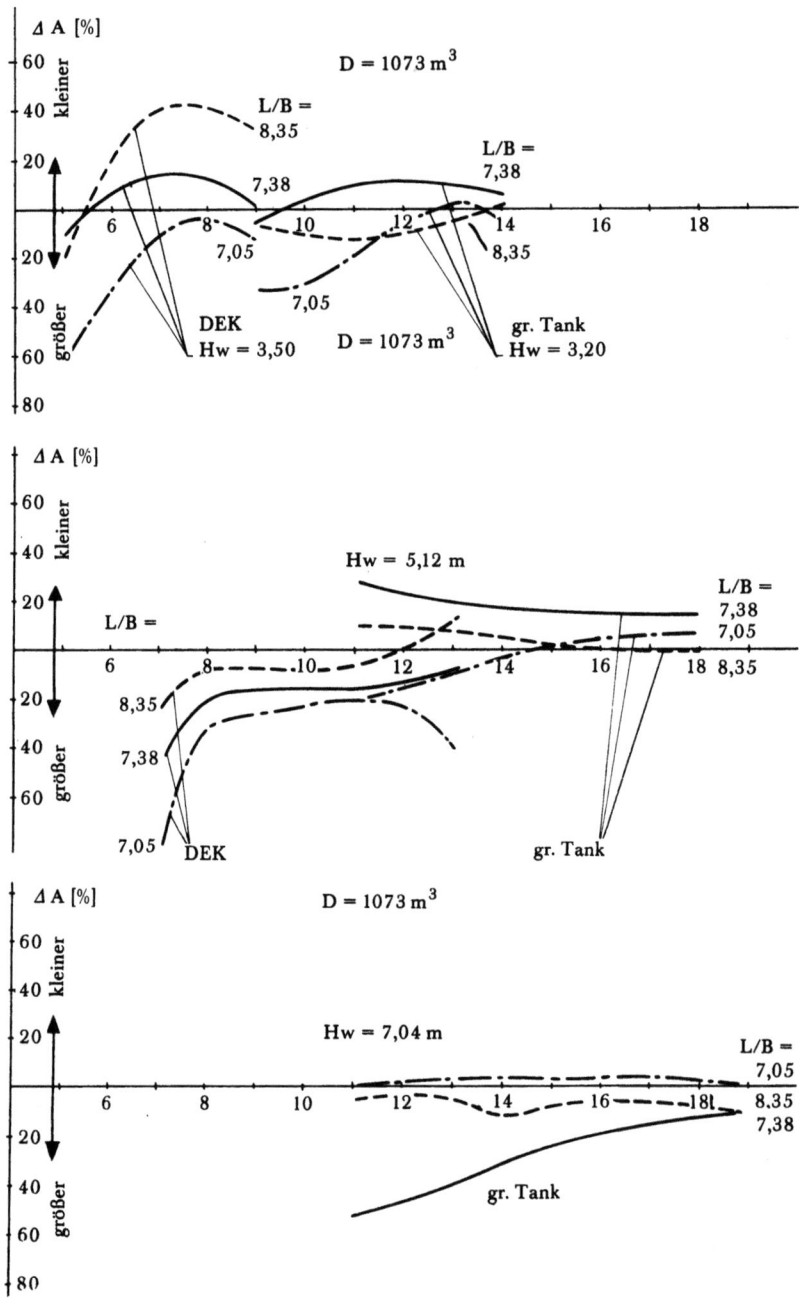

Abb. 24   Absenkungsänderung bezogen auf M 391 mit $L/B = 7{,}96$

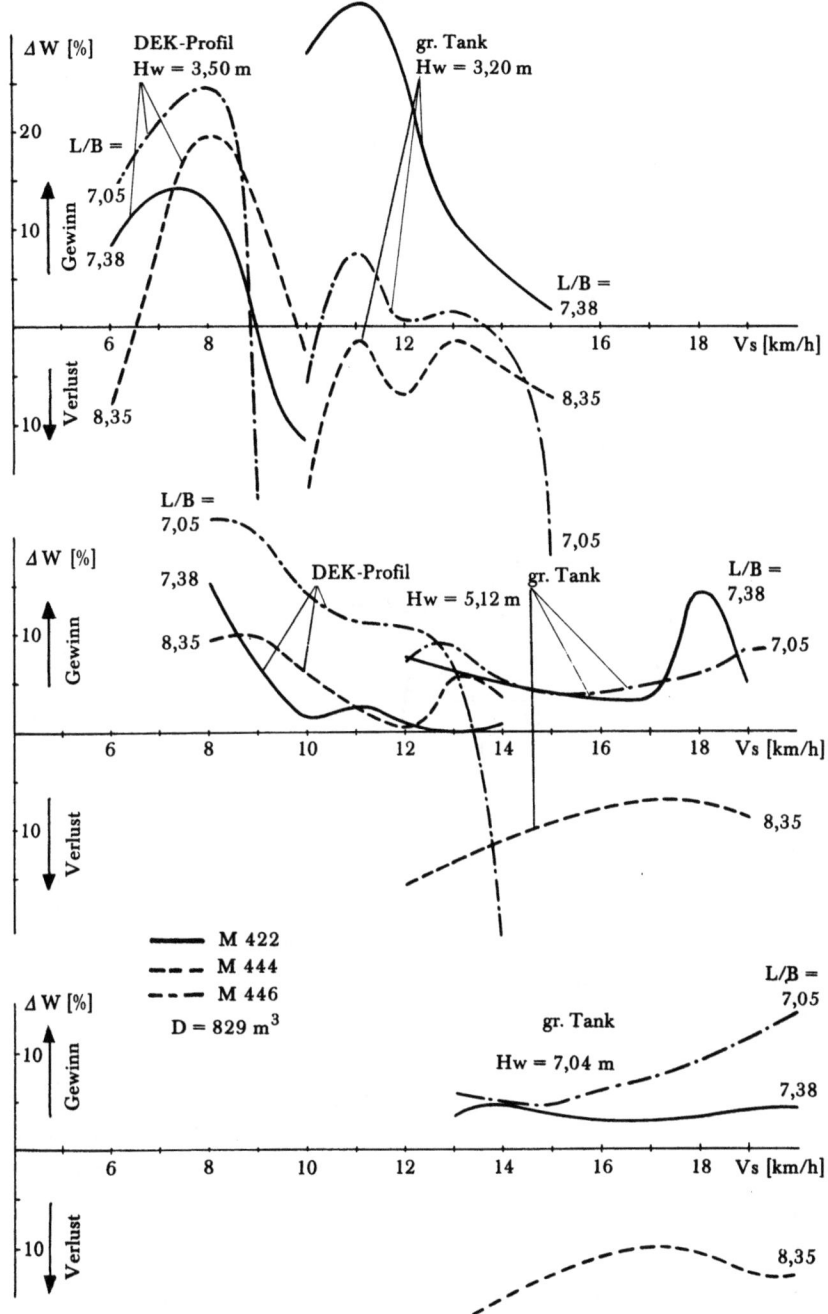

Abb. 25   Widerstandsänderung bezogen auf M 391 mit $L/B = 7{,}96$

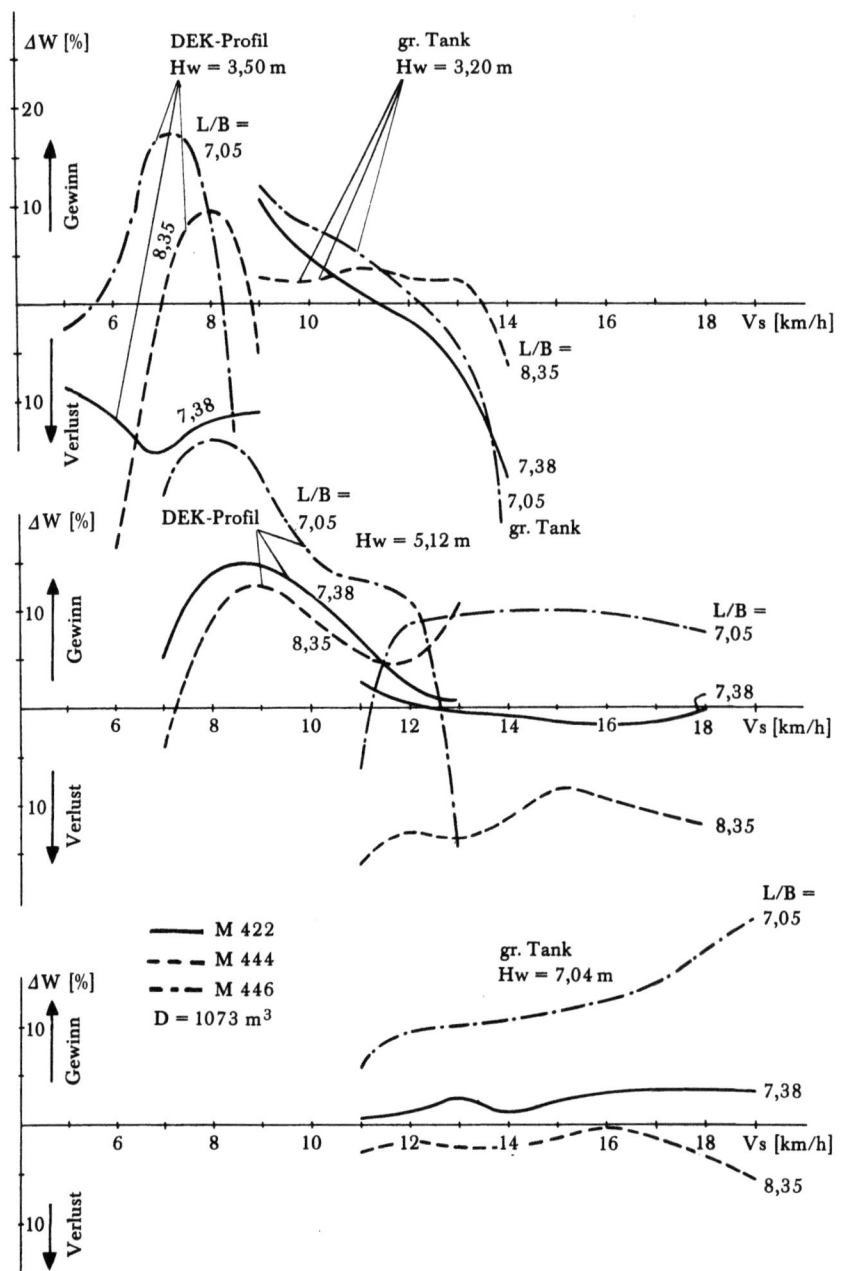

Abb. 26 Widerstandsänderung bezogen auf M 391 mit $L/B = 7{,}96$

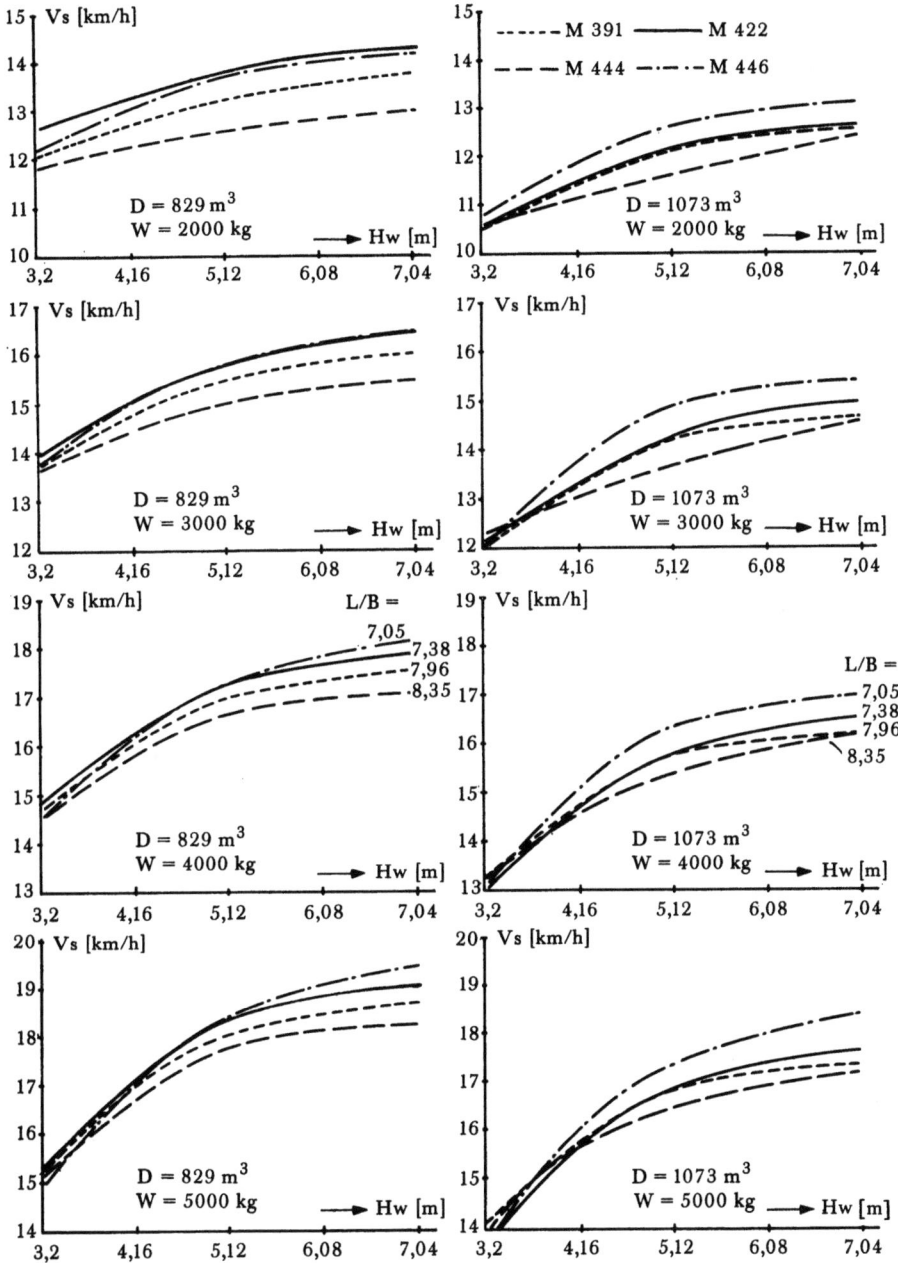

Abb. 27 Erreichbare Geschwindigkeiten
Widerstandsversuche im gr. Tank

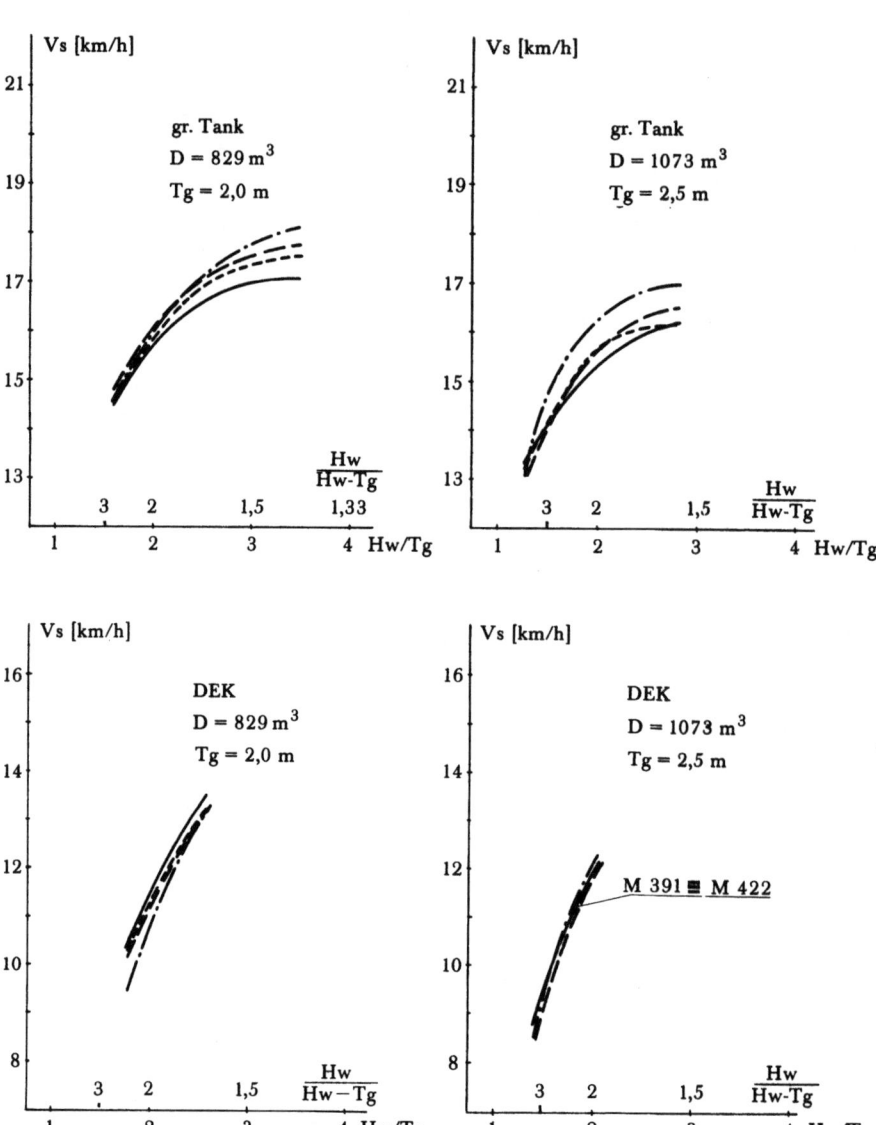

Abb. 28 Erreichbare Geschwindigkeit bei veränderlichen Wasserhöhenverhältnissen für $W = 4$ t

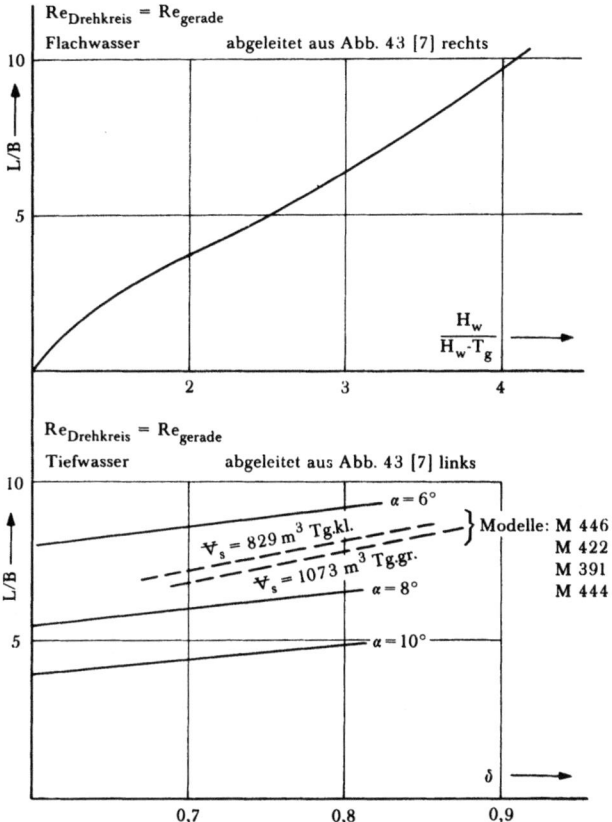

Abb. 29

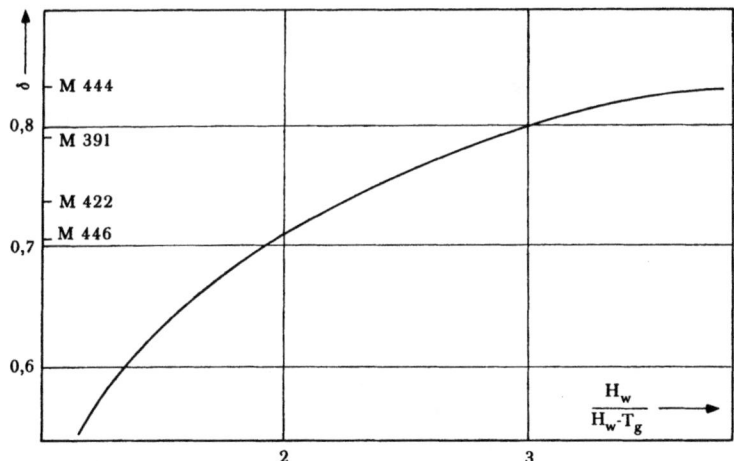

Abb. 30 Für geradlinigen Druckanstieg errechnete Schutenkontur entsprechend [5]

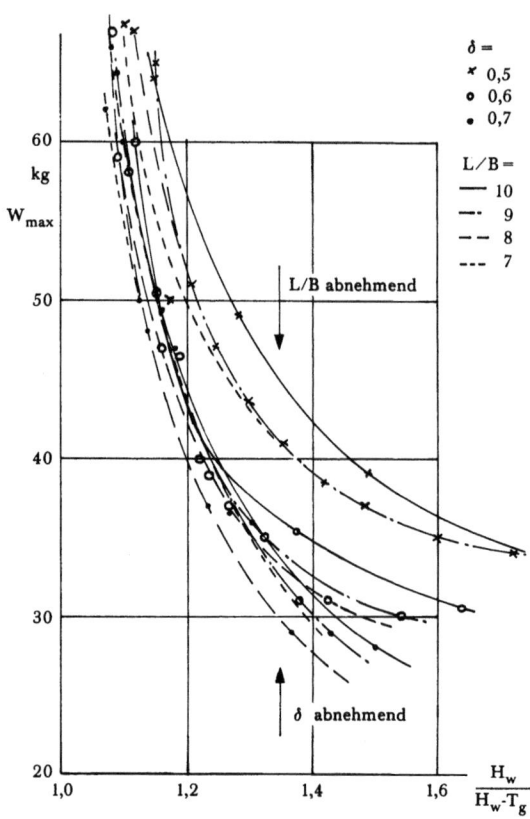

Abb. 31 Maximaler Widerstand, Fg.-Schiffe, $\mathfrak{F}_h \sim 1$, Daten in [1]

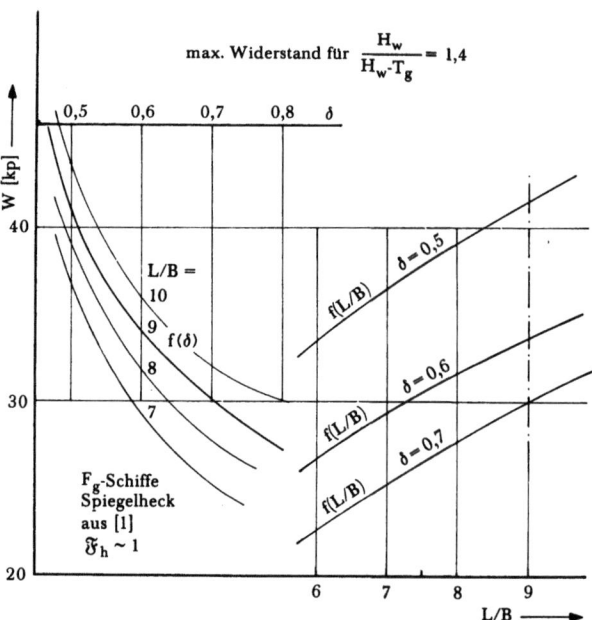

Abb. 32

44

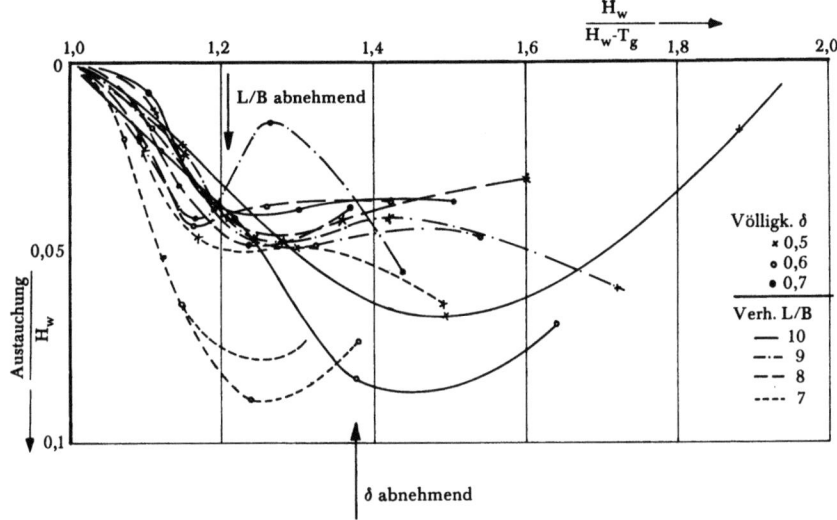

Abb. 33 Maximale Austauchung/H_w

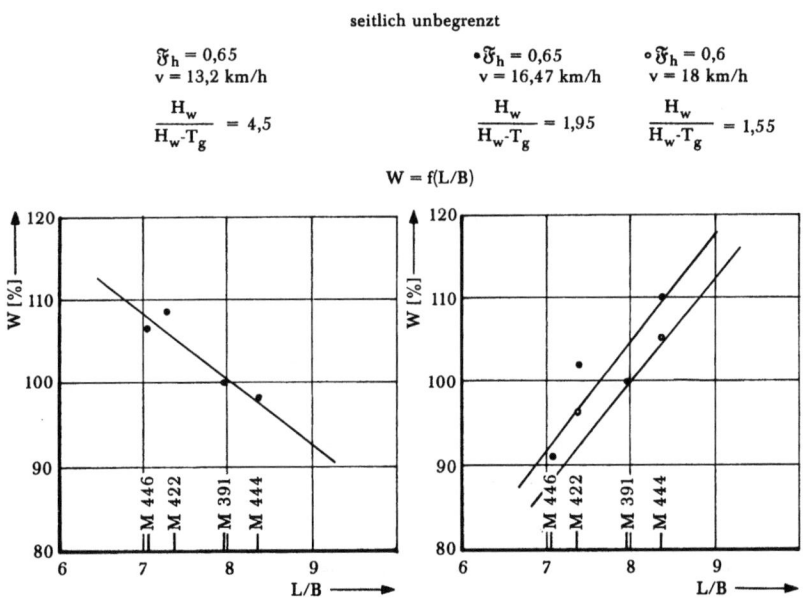

Abb. 34

45

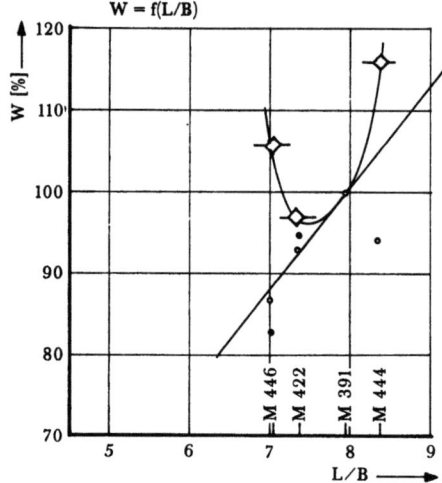

Abb. 35

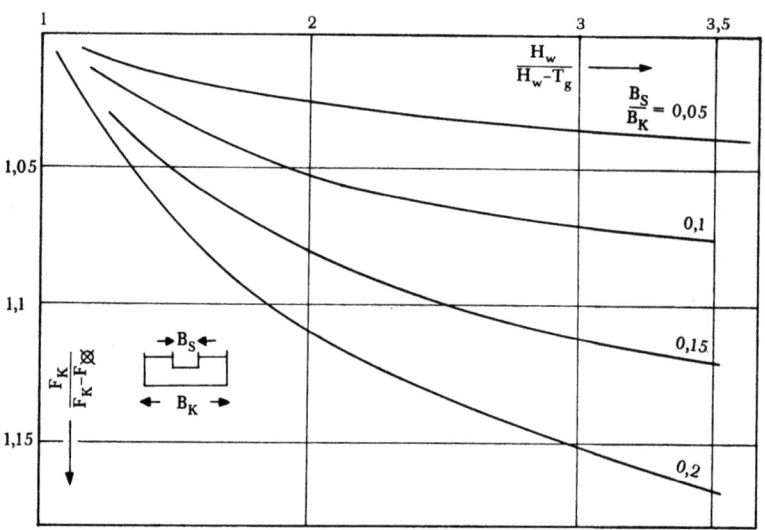

Abb. 36 Wasserquerschnittsverhältnis abhängig vom Wasserhöhenverhältnis für Rechteckquerschnitt von Kanal und Hauptspant

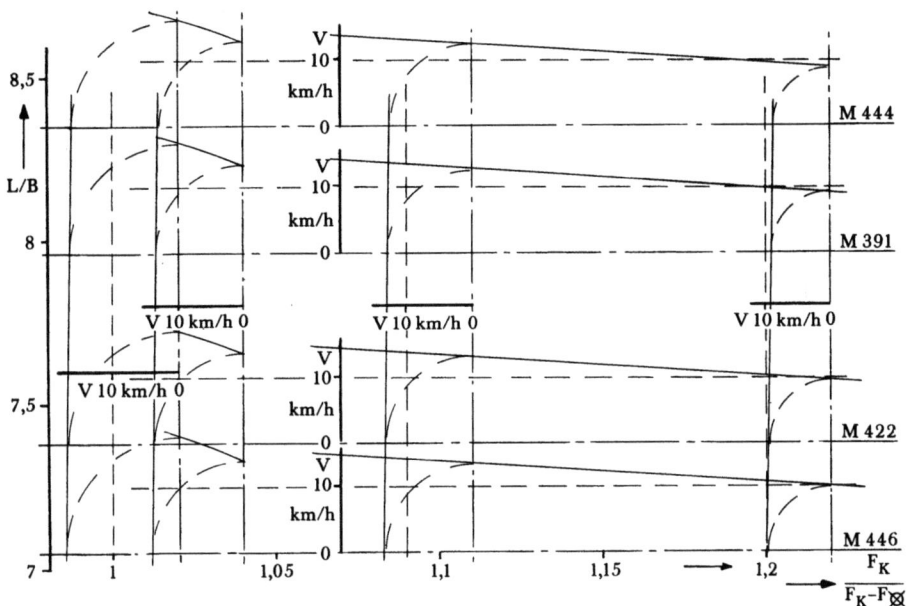

Abb. 37 Geschwindigkeit in km/h bei $W = 4$ t Widerstand

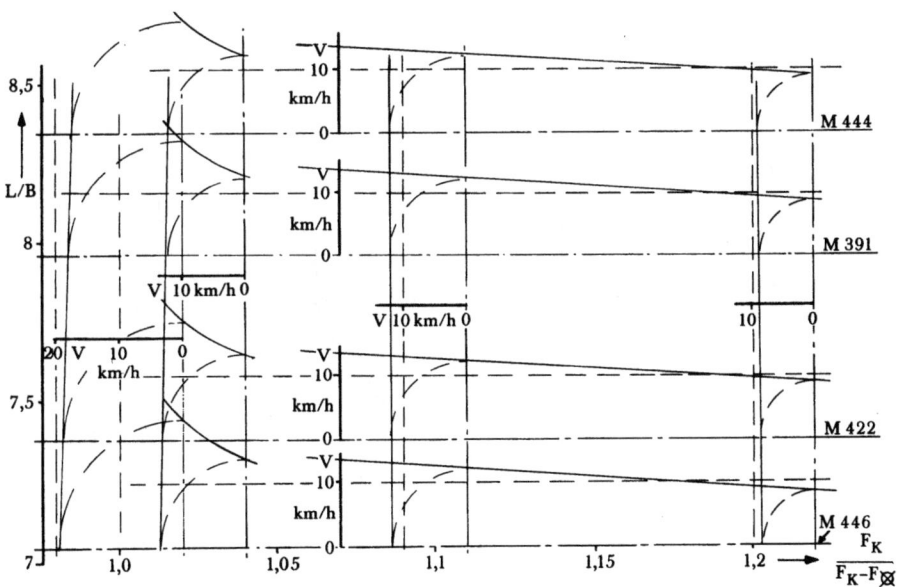

Abb. 38 Geschwindigkeit in km/h bei 20 cm Wasserspiegelabsenkung

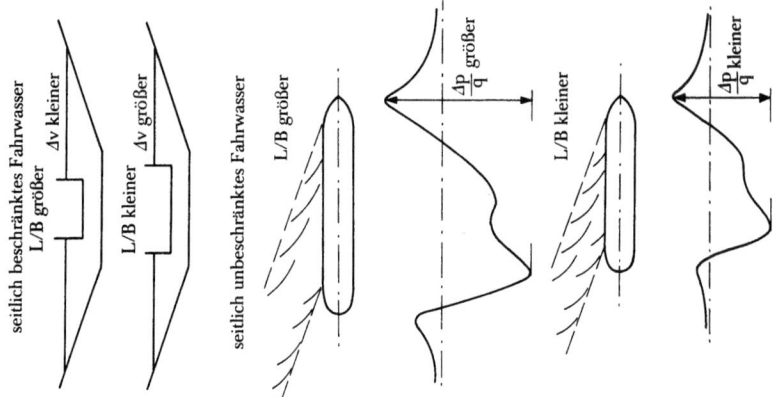

Abb. 40

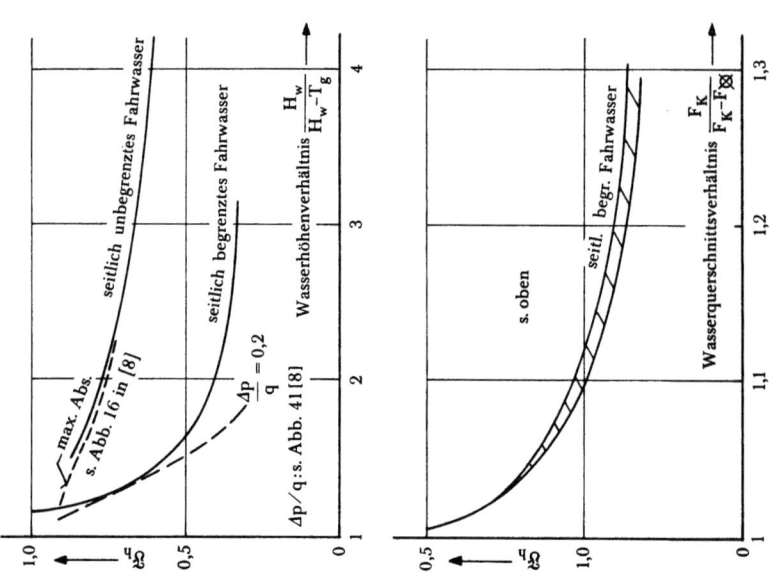

Abb. 39 Grenze für Umkehr des δ- und L/B-Einflusses

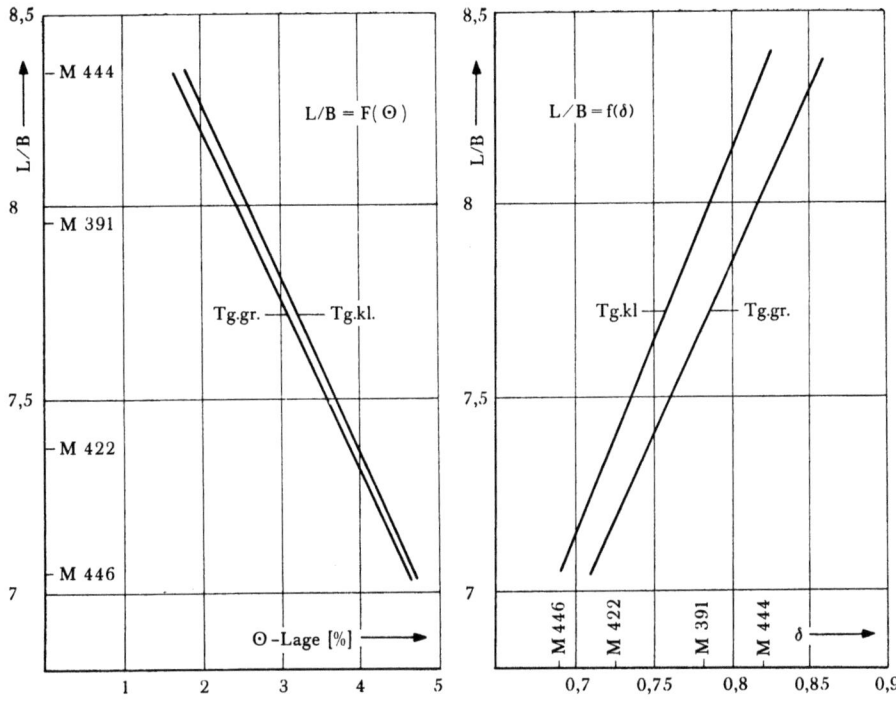

Abb. 41

FORSCHUNGSBERICHTE DES LANDES NORDRHEIN-WESTFALEN

Herausgegeben im Auftrage des Ministerpräsidenten Heinz Kühn
von Staatssekretär Professor Dr. h. c. Dr. E. h. Leo Brandt

SCHIFFAHRT

HEFT 211
*Prof. Dr.-Ing. Wilhelm Sturtzel
und Dr.-Ing. Werner Graff, Duisburg*
Die Versuchsanstalt für Binnenschiffbau, Duisburg, *Institut an der Rhein.-Westf. Technischen Hochschule Aachen*
1956. 37 Seiten, 22 Abb. 11,—

HEFT 333
*Versuchsanstalt für Binnenschiffbau e. V., Duisburg
Institut an der Rhein.-Westf. Technischen Hochschule Aachen*
I. Der Strömungseinfluß auf den Form- und Reibungswiderstand von Binnenschiffen
II. Der Stömungseinfluß auf die Nachstrom- und Sogverhältnisse bei Binnenschiffen
1956. 31 Seiten, 14 Abb. DM 9,80

HEFT 366
Prof. Dipl.-Ing. Wilhelm Sturtzel und Dipl.-Ing. Hermann Schmidt-Stiebitz, Duisburg
Bei Flachwasserfahrten durch die Strömungsverteilung am Boden und an den Seiten stattfindende Beeinflussung des Reibungswiderstandes von Schiffen
1957. 85 Seiten, 39 Abb., 28 Tabellen. DM 20,40

HEFT 475
Prof. Dipl.-Ing. Wilhelm Sturtzel, Obering. Kurt Helm und Dipl.-Ing. Hans Heuser, Versuchsanstalt für Binnenschiffbau e. V., Duisburg
Systematische Ruderversuche mit einem Schleppkahn und einem Binnenselbstfahrer vom Typ „Gustav Koenigs"
1958. 61 Seiten, 38 Abb., 5 Tabellen. DM 20,10

HEFT 476
*Dipl.-Ing. Hermann Schmidt-Stiebitz, Versuchsanstalt für Binnenschiffbau e. V., Duisburg
Leiter: Prof. Dipl.-Ing. Wilhelm Sturtzel*
Einfluß der Hinterschiffsform auf das Manövrieren von Schiffen auf flachem Wasser
1958. 88 Seiten, 138 Abbildungen im Anhang, zahlr. Tabellen. DM 54,—

HEFT 561
*Dipl.-Ing. Hermann Schmidt-Stiebitz, Versuchsanstalt für Binnenschiffbau e. V., Duisburg
Leiter: Prof. Dipl.-Ing. Wilhelm Sturtzel*
Verbesserung des Wirkungsgrades von Düsenpropellern durch zusätzlich angeordnete Mischdüsen
1959. 33 Seiten, 11 Abb. DM 9,60

HEFT 617
Prof. Dipl.-Ing. Wilhelm Sturtzel und Dr.-Ing. Werner Graff, Versuchsanstalt für Binnenschiffbau e. V., Duisburg
Systematische Untersuchungen von Kleinschiffsformen auf flachem Wasser im unter- und überkritischen Geschwindigkeitsbereich
1958. 47 Seiten, 23 Abb., 12 Tabellen. Vergriffen

HEFT 618
Prof. Dipl.-Ing. Wilhelm Sturtzel und Dr.-Ing. Werner Graff, Versuchsanstalt für Binnenschiffbau e. V., Duisburg
Untersuchungen der in stehendem und strömendem Wasser festgestellten Änderungen des Schiffswiderstandes durch Druckmessungen
1958. 34 Seiten, 21 Abb. DM 10,10

HEFT 691
*Dipl.-Ing. Hermann Schmidt-Stiebitz, Versuchsanstalt für Binnenschiffbau e. V., Duisburg
Leiter: Prof. Dipl.-Ing. Wilhelm Sturtzel*
Örtliche Geschwindigkeitsverteilung an den Seiten und am Boden von Schiffen bei Flachwasserfahrten
1959. 174 Seiten, 58 Abb., zahlr. Tabellen. DM 41,70

HEFT 746
*Dipl.-Ing. Hermann Schmidt-Stiebitz, Versuchsanstalt für Binnenschiffbau e. V., Duisburg
Leiter: Prof. Dipl.-Ing. Wilhelm Sturtzel*
Untersuchung der das Wellenbild beim Übergang vom tiefen auf flaches Wasser beeinflussenden Faktoren
1959. 51 Seiten, 24 Abb. DM 14,80

HEFT 763
Dipl.-Ing. Hermann Schmidt-Stiebitz,
Versuchsanstalt für Binnenschiffbau e. V., Duisburg
Institut an der Rhein.-Westf. Technischen Hochschule
Aachen
Leiter: Prof. Dipl.-Ing. Wilhelm Sturtze
Untersuchung über den Ausbreitungswinkel der Bug- und Heckwellen auf flachem Wasser
1959. 39 Seiten, 22 Abb. DM 12,40

HEFT 774
Dipl.-Ing. Hermann Schmidt-Stiebitz,
Versuchsanstalt für Binnenschiffbau e. V., Duisburg
Institut an der Rhein.-Westf. Technischen Hochschule
Aachen
Einfluß des Wellenbildes auf das Drehkreisverhalten von Flachwasserschiffen bei größeren Geschwindigkeiten
1959. 39 Seiten, 31 Abb. DM 13,10

HEFT 802
Prof. Dipl.-Ing. Wilhelm Sturtzel und
Dipl.-Ing. Hermann Schmidt-Stiebitz, Lehrstuhl für Schiffbau an der Rhein.-Westf. Technischen Hochschule Aachen, Institut: Versuchsanstalt für Binnenschiffbau e. V., Duisburg
Die Widerstandsverhältnisse miteinander verbundener getauchter und halbgetauchter Körper und die Ermittlung gegenseitiger Beeinflussung, günstiger Formgestaltung und des Maßstabeinflusses bei Anhängen
1959. 29 Seiten, 25 Abbildungen im Anhang.
DM 15,40

HEFT 815
Prof. Dipl.-Ing. Wilhelm Sturtzel, Obering. Kurt Helm und Dr.-Ing. Erich Schäle, Versuchsanstalt für Binnenschiffbau e. V., Duisburg
Versuche mit ummantelten Schraubenpropellern zur Ermittlung der Maßstab-Kennzahl
1959. 61 Seiten, 2 Abb., 5 Tabellen, 36 Anlagen.
DM 18,70

HEFT 845
Prof. Dipl.-Ing. Wilhelm Sturtzel und
Dipl.-Ing. Hermann Schmidt-Stiebitz, Lehrstuhl für Schiffbau an der Rhein.-Westf. Technischen Hochschule Aachen, Institut: Versuchsanstalt für Binnenschiffbau e. V., Duisburg
Untersuchung der Einflußlänge eines durch Kreisspant idealisierten Schiffskörpers bei der Fahrt durch einen offenen Kanal mit konzentrischem Kreisquerschnitt
1960. 67 Seiten, 36 Abb. DM 23,40

HEFT 852
Prof. Dipl.-Ing. Wilhelm Sturtzel und
Dipl.-Ing. Hermann Schmidt-Stiebitz, Lehrstuhl für Schiffbau an der Rhein.-Westf. Technischen Hochschule Aachen, Institut: Versuchsanstalt für Binnenschiffbau e. V., Duisburg
Klärung des widerstandserhöhenden Effektes bei Talfahrt von Binnenschiffen
1960. 62 Seiten, 46 Abb. DM 18,20

HEFT 868
Prof. Dipl.-Ing. Wilhelm Sturtzel und
Dipl.-Ing. Hans H. Heuser, Versuchsanstalt für Binnenschiffbau e. V., Duisburg
Widerstands- und Propulsionsmessungen für den Normalselbstfahrer Typ „Gustav Koenigs"
1960. 89 Seiten, 40 Abb., zahlr. Tabellen. DM 24,30

HEFT 895
Prof. Dipl.-Ing. Wilhelm Sturtzel und
Dipl.-Ing. Hermann Schmidt-Stiebitz, Lehrstuhl für Schiffbau an der Rhein.-Westf. Technischen Hochschule Aachen, Institut: Versuchsanstalt für Binnenschiffbau e. V., Duisburg
Untersuchung von Mitteln zur Dämpfung der Bugwelle an Flachwasserschiffen
1960. 37 Seiten, 19 Abb. DM 11,90

HEFT 1054
Prof. Dipl.-Ing. Wilhelm Sturtzel, Dr.-Ing. Werner Graff und Dipl.-Ing. Klaus Suhrbier, Versuchsanstalt für Binnenschiffbau e. V., Duisburg
Untersuchung der Erregung von mechanischen Schwingungen des Schiffskörpers auf flachem Wasser durch den Propeller
1961. 32 Seiten, 14 Anagen. DM 13,—

HEFT 1061
Prof. Dipl.-Ing. Wilhelm Sturtzel, Dr.-Ing. Werner Graff und Schiffbau-Ing. Wilfried Nussbaum, Versuchsanstalt für Binnenschiffbau e. V., Duisburg
Grundsätzliche Untersuchungen über die Stabilität von Schiffen im Drehkreis
1962. 21 Seiten, 8 Anagen. DM 9,90

HEFT 1072
Prof. Dipl.-Ing. Wilhelm Sturtzel,
Dr.-Ing. Erich Schäle und Dipl.-Ing. Hans Heuser, Versuchsanstalt für Binnenschiffbau e. V., Duisburg
Untersuchung der Manövriereigenschaften von geschobenen Fahrzeugen, die einzeln oder im Verband befördert werden, unter dem Einfluß von Strömung und Fahrwasserbeschränkung
1962. 81 Seiten, 6 Abb., 2 Tabellen, zahlr. Anlagen.
DM 41,80

HEFT 1110
Prof. Dipl.-Ing. Wilhelm Sturtzel und
Dipl.-Ing. Hermann Schmidt-Stieblitz,
Versuchsanstalt für Binnenschiffbau e. V., Duisburg
Untersuchung der Wasserspiegelabsenkung um ein Flachwasserschiff
1962. 36 Seiten, 26 Abb. DM 21,50

HEFT 1116
Prof. Dipl.-Ing. Wilhelm Sturtzel und
Dipl.-Ing. Ulrich Adam,
Versuchsanstalt für Binnenschiffbau e.V., Duisburg
Institut an der Rhein.-Westf. Technischen Hochschule Aachen
Untersuchung der Wirkungsgradverbesserungen von Propellern, erstens bei kleinem und zweitens bei großem Fortschrittsgrad durch Ummantelung mit Spaltdüsen
1963. 45 Seiten, 51 Abb., 15 Tabellen im Anhang.
DM 9,—

HEFT 1137
*Prof. Dipl.-Ing. Wilhelm Sturtzel und
Dr.-Ing. Werner Graff,
Versuchsanstalt für Binnenschiffbau e. V., Duisburg
Institut an der Rhein.-Westf. Technischen Hochschule
Aachen*
Untersuchung über die Ausbildung optimaler Rundspantbootsformen
1963. 63 Seiten, 19 Abb., 25 Tabellen, 3 Anlagen.
DM 37,50

HEFT 1243
*Prof. Dipl.-Ing. Wilhelm Sturtzel und
Dipl.-Ing. Hermann Schmidt-Stiebitz,
Versuchsanstalt für Binnenschiffbau e. V., Duisburg
Institut an der Rhein.-Westf. Technischen Hochschule
Aachen*
Untersuchung von Mitteln für verbesserte Manövriereigenschaften von Flachwasserschiffen
1963. 68 Seiten, zahlreiche Abbildungen und Tabellen.
DM 41,80

HEFT 1244
*Prof. Dipl.-Ing. Wilhelm Sturtzel,
Dr.-Ing. Erich Schäle und Ing. Dittberne,
Versuchsanstalt für Binnenschiffbau e. V., Duisburg*
Forschungsschiff ‚Fritz Horn', das schwimmende Laboratorium für schiffstechnische Großversuche der Versuchsanstalt für Binnenschiffbau e. V., Duisburg
1964. 83 Seiten, 27 Abb., 19 Anlagen. DM 54,80

HEFT 1272
*Dr.-Ing. Werner Graff,
Versuchsanstalt für Binnenschiffbau e. V., Duisburg
Direktor: Prof. Dipl.-Ing. Sturtzel*
Untersuchung über die beim Passieren von Schiffen auftretenden Kräfte und Momente
1963. 49 Seiten, 21 Anlagen. DM 24,—

HEFT 1316
*Dr. Franz Kolberg,
Institut für Mathematik und Großrechenanlagen
an der Rhein.-Westf. Technischen Hochschule Aachen
Direktor: Prof. Dr. Hubert Cremer*
Theoretische Untersuchung des Begegnungs- oder Überholungsvorganges von Schiffen
1964. 80 Seiten, 13 Abb. DM 76,50

HEFT 1324
*Prof. Dipl.-Ing. Wilhelm Sturtzel und Dipl.-Ing. Adam,
Versuchsanstalt für Binnenschiffbau, Duisburg*
Untersuchung der Wirkungsgradverbesserung an Spaltdüsensystemen durch optimale Gestaltung des Diffusorauslaufs
1964. 36 Seiten, 69 Abb., 22 Tabellen im Anhang.
DM 58,—

HEFT 1431
*Prof. Dipl.-Ing. Wilhelm Sturtzel und Dipl.-Ing. Ulrich Adam, Versuchsanstalt für Binnenschiffbau Duisburg,
Institut an der Rhein.-Westf. Technischen Hochschule
Aachen*
Untersuchungen über den Einfluß der Spaltbreite zwischen Propelleraußenrand und Düseninnenwand auf den Wirkungsgrad von ummantelten Kaplanschrauben
1965. 50 Seiten, 53 Abb., 23 Tabellen. DM 51,80

HEFT 1590
*Prof. Dipl.-Ing. Wilhelm Sturtzel und
Dr.-Ing. Hermann Schmidt-Stiebitz,
Versuchsanstalt für Binnenschiffbau e. V., Duisburg
Institut an der Rhein.-Westf. Technischen Hochschule
Aachen*
Untersuchung von Ellipsoidformen zwecks Widerstandsverminderung von Flachwasserschiffen
75. Mitteilung der VBD.
1966. 39 Seiten, 26 Abb. DM 29,80

HEFT 1623
*Prof. Dipl.-Ing. Wilhelm Sturtzel und
Dr.-Ing. Werner Graff,
Versuchsanstalt für Binnenschiffbau e. V., Duisburg
Institut an der Rhein.-Westf. Technischen Hochschule
Aachen*
Untersuchung über die gegenseitige Beeinflussung der Geschwindigkeit und des Kurshaltens beim Überholen eines Schleppzuges durch einen anderen Schleppzug oder einen Selbstfahrer
77. Mitteilung der VBD.
1966. 20 Seiten, 8 Anlagen. DM 39,—

HEFT 1724
Prof. Dipl.-Ing. Wilhelm Sturtzel, Dr.-Ing. Werner Graff und Ing. J. Landgraf, Versuchsanstalt für Binnenschiffbau e. V., Duisburg. Institut an der Rhein.-Westf. Technischen Hochschule Aachen
Untersuchung über den Einfluß des Modellmaßstabes und der Kennzahl auf die Versuchsergebnisse von Schiffsrudern

HEFT 1725
Prof. Dipl.-Ing. Wilhelm Sturtzel, Dr.-Ing. Werner Graff und Dipl.-Ing. E. Müller, Versuchsanstalt für Binnenschiffbau e. V., Duisburg. Institut an der Rhein.-Westf. Technischen Hochschule Aachen
Untersuchung der Verformung der Wasseroberfläche durch die Verdrängungsströmung bei der Fahrt eines Schiffes auf seitlich beschränktem, flachem Fahrwasser
83. Mitteilung der VBD
1966. 71 Seiten, 46 Abb. DM 52,80

HEFT 1726
Prof. Dipl.-Ing. Wilhelm Sturtzel, Dr.-Ing. Werner Graff und Dipl.-Ing. P. Jusczyk, Versuchsanstalt für Binnenschiffbau e. V., Duisburg
Untersuchung der bei Kurvenkraft auf flachem Wasser auftretenden hydrodynamischen Kräfte am Schiffskörper
84. Mitteilung der VBD
1966. 63 Seiten, 23 Abb. DM 40,30

HEFT 1727
Prof. Dipl.-Ing. Wilhelm Sturtzel und Dr.-Ing. Hermann Schmidt-Stiebitz, Versuchsanstalt für Binnenschiffbau e. V., Duisburg
Untersuchung der Querkräfte und der Propulsionsgütegrade von Spaltdüsen mit steuerbarer Sekundärdüse
80. Mitteilung der VBD
1966. 53 Seiten, 35 Abb., 20 Tabellen. DM 41,20

HEFT 1777
Prof. Dipl.-Ing. Wilhelm Sturtzel und Dr.-Ing. Werner Graff, Versuchsanstalt für Binnenschiffbau e. V., Duisburg. Institut an der Rhein.-Westf. Technischen Hochschule Aachen
Untersuchungen über die Zunahme des Zähigkeitswiderstandes auf flachem Wasser
85. Mitteilung des VBD *In Vorbereitung*

HEFT 1812
Prof. Dipl.-Ing. Wilhelm Sturtzel, Dr.-Ing. Hans H. Heuser und Schiffbau-Ing. Wilfried Nussbaum, Versuchsanstalt für Binnenschiffbau e. V., Duisburg. Institut an der Rhein.-Westf. Technischen Hochschule Aachen
Untersuchung über Widerstand, Leistungsbedarf, Trimm und Absenkung des Schiffstyps „PENICHE"
86. Mitteilung des VBD

HEFT 1832
Prof. Dipl.-Ing. Wilhelm Sturtzel, Priv.-Doz. Dr.-Ing. Hermann Schmidt-Stiebitz, Versuchsanstalt für Binnenschiffbau e. V., Duisburg. Institut an der Rhein.-Westf. Technischen Hochschule Aachen
Untersuchung günstiger Längen-Breitenverhältnisse für Flachwasserschiffe im unterkritischen Fahrbereich

Verzeichnisse der Forschungsberichte aus folgenden Gebieten können beim Verlag angefordert werden:
Acetylen/Schweißtechnik – Arbeitswissenschaft – Bau/Steine/Erden – Bergbau – Biologie – Chemie – Druck/Farbe/Papier/Photographie – Eisenverarbeitende Industrie – Elektrotechnik/Optik – Energiewirtschaft – Fahrzeugbau/Gasmotoren – Fertigung – Funktechnik/Astronomie – Gaswirtschaft – Holzbearbeitung – Hüttenwesen/Werkstoffkunde – Kunststoffe – Luftfahrt/Flugwissenschaften – Luftreinhaltung – Maschinenbau – Mathematik – Medizin/Pharmakologie – NE-Metalle – Physik – Rationalisierung – Schall/Ultraschall – Schiffahrt – Textilforschung – Turbinen – Verkehr – Wirtschaftswissenschaften.

WESTDEUTSCHER VERLAG · KÖLN UND OPLADEN
567 Opladen/Rhld., Ophovener Straße 1-3

MIX
Papier aus verantwortungsvollen Quellen
Paper from responsible sources
FSC® C105338

If you have any concerns about our products,
you can contact us on
ProductSafety@springernature.com

In case Publisher is established outside the EU,
the EU authorized representative is:
**Springer Nature Customer Service Center GmbH
Europaplatz 3, 69115 Heidelberg, Germany**

Printed by Libri Plureos GmbH
in Hamburg, Germany